Kaggle Grandmasterに学ぶ

機械学習
実践アプローチ

Approaching
(Almost)Any
Machine
Learning
Problem

Abhishek Thakur ［著］

石原 祥太郎 ［訳］

マイナビ

Approaching (Almost) Any Machine Learning Problem

- ● 原著のサポートサイト
  原著GitHub（英語）　https://github.com/abhishekkrthakur/approachingalmost
  ※ サイトの運営・管理はすべて原著者が行っています。
- ● 本書の正誤に関するサポート情報を以下のサイトで提供していきます。
  https://book.mynavi.jp/supportsite/detail/9784839974985.html

  環境の違いでコードの書き換えが必要となる場合があります。本書では、第0〜11章でPython 3.7.6、第12章でPython 3.6.9を利用しています。本書の執筆中に使用されたライブラリのリストは「原著のサポートサイト」で確認できます。

はじめに（日本の読者の皆様へ）

Dear reader. Machine learning is not just about learning the theory. But also about how what you have learnt can be applied to real-world scenarios. This book tries its best to approach different kinds of machine learning problems but with a code-first approach. Most of this book is code and it is explained using comments (just like code should be explained). Remember, if you didn't code, you didn't learn. Best of luck.

読者の皆さまへ。機械学習では、単に理論を学ぶだけでなく、学んだことをどのように実世界の問題に応用できるかが重要です。本書では、さまざまな機械学習の問題に「コード・ファースト」のアプローチで最善を尽くしています。本書のほとんどはコードで、コメントを通じてコードが説明されています。覚えておいてほしいのは「コードを書かねば、何も学べない」ということです。皆さまの幸運を祈っています。

Abhishek Thakur

訳者まえがき

本書は 2020 年 6 月に世界各国で自費出版で公開された書籍『Approaching (Almost) Any Machine Learning Problem』の翻訳書です。

著者の Abhishek Thakur さんは、世界的な機械学習のコンテストプラットフォーム「Kaggle」[1] における優れた実績で有名です。 コンテスト部門の過去最高の世界ランキングは 3 位で、史上初めて、その他の部門も含めた Kaggle の全 4 カテゴリで最高位の称号「Grandmaster」を獲得しました。 YouTube[2] などの各種プラットフォームでもデータサイエンスに関する情報を積極的に発信しています。 2021 年現在、最先端の自然言語処理モデルを提供している Hugging Face[3] で、ライブラリ開発に取り組んでいます。

原著の発売は、日本でも Kaggle コミュニティを中心に話題となりました。 訳者である私も発売と同時に購入し、機械学習の広範な話題をまとめた内容に感銘を受けました。「Kaggle の Grandmaster が書いた本」と聞くと、高尚な話題が展開されている印象を受ける方もいるかもしれませんが、実態は全く異なります。

＊1 https://www.kaggle.com/
＊2 https://www.youtube.com/c/AbhishekThakurAbhi
＊3 https://huggingface.co/

　本書では、平易な英語で豊富なコードと共に、機械学習にまつわる基礎的な内容が取り上げられています。交差検証や特徴量エンジニアリングなどモデル作成以前の重要な要素にも紙面が割かれ、コードの再現性やモデルのデプロイといった話題にも踏み込みます。モデル作成では、表形式のデータセットだけでなく、画像認識や自然言語処理に関する内容が具体的な実装と共に示されている点も貴重です。本書の文言の節々からは、性能のみを追求するだけではなく、実運用にも重きを置いた著者の姿勢が垣間見えるでしょう。Kaggle コミュニティに限らず、機械学習に興味を持つ多くの方にぜひ手に取っていただきたいと考えています。

　読者の中には、本書のコードがまとまった形で配布されていない点を不便に感じる方もいるかもしれません。この背景には、「コードを書かねば、何も学べない」という言葉に込められた著者の思いがあるはずです。ぜひ自らの手でコードを実装し、学びを深めてみてください。

　翻訳にあたっては、原著のニュアンスを保持しつつ、日本語として自然になるような翻訳を心掛けました。機械学習の分野は国際的に発展しているため、手法などの英語名の訳し方には苦慮しました。訳者の知るかぎり日本で一般的に浸透している訳語を選択しましたが、一部用語については英語名をそのまま利用しています。原著の出版時からの更新を含む点や、日本特有の話題については、翻訳版独自の訳注も付けました。いずれも、2021 年 5 月時点の情報に基づいています。

　原著は現在、PDF が無料で公開されています。2020 年末頃には日本語訳の計画も進んでいるという噂を人づてに聞いており、母国語で読める良書の出版を心待ちにしていました。私が翻訳の依頼を受けたのは 2021 年 3 月中旬で、一片の迷いもなく承諾しました。比較的迅速な出版にたどり着けたのは、間違いなく多くの方々の支えのおかげです。翻訳に必要な知識を授けてくれた Kaggle コミュニティ、マイナビ出版の編集者の山口正樹さん、第 9 章と第 12 章のレビューを快く引き受けてくれた成田嶺さん、執筆を支えてくれた家族など、挙げればきりがありません。

　本書が機械学習を学びたい読者にとっての道標となることを願っています。

2021 年 5 月

石原祥太郎

まえがき

本書を読み進める上で、意識してほしい点がいくつかあります。

これは従来の書籍とは**異なります**。

読む方に機械学習や深層学習の基本的な知識があることを想定しています。

重要な用語は**太字**で表示します。 変数名や関数・クラス名は 等幅フォントで表示します。

> **すべてのコードはこの囲みの中に示します。**

ほとんどの場合、コードブロックのすぐ後に出力が用意されています。

図の番号は章ごとに定義されます。たとえば、図 1.1 は 1 章の最初の図です。

この本ではコードが非常に重要で、数も多いです。何が起こっているのかを理解したければ、コードを注意深く見て、自分で実装しなければなりません。

Python のコメントは、ハッシュ (#) で始まります。本書のコードはすべて、コメントを使って 1 行 1 行説明しています。ですから、このコメントを無視してはいけません。

Bash コマンドは、$ または❯で始まります。

If you didn't code, you didn't learn.

コードを書かねば、何も学べない。

謝辞

　私がこの本を書くことができたのは、家族や友人の支えがあったからです。本書のレビューに時間を割いてくださったレビュアーの方々にも感謝したいと思います（名前はアルファベット順）。

Aakash Nain
Aditya Soni
Andreas Müller
Andrey Lukyanenko
Ayon Roy
Bojan Tunguz
Gilberto Titericz Jr.
Konrad Banachewicz
Luca Massaron
Nabajeet Barman
Parul Pandey
Ram Ramrakhya
Sanyam Bhutani
Sudalai Rajkumar
Tanishq Abraham
Walter Reade
Yuval Reina

誰も見落としていないことを祈って。

目次

第 **0** 章

実行環境の準備

　コーディングを始める前に、実行環境を準備しましょう。 この本では、**Ubuntu 18.04** と **Python 3.7.6** を使用しています。 Windows ユーザであれば、複数の方法で Ubuntu をインストールできます。 たとえば Oracle 社が提供するフリーソフト「Oracle VM VirtualBox」[1] などの仮想マシンにインストールする、デュアルブートシステム[2] として Windows と一緒に使用するなどです。 私はデュアルブートの方が好きです。 Ubuntu を使わない場合、本書に掲載されている Bash コマンドのいくつかで問題が発生するかもしれません。 問題を回避するには、仮想マシンに Ubuntu をインストールするか、Windows 上で Linux シェルを使用してください。

　Anaconda を使えば、どんなマシンでも手軽に Python をセットアップできます。 私が特に気に入っているのは、Conda[3] の最小インストーラである **Miniconda** です。 Linux、OSX、Windows に対応しています。 Python 2 のサポートは 2019 年末に終了したため、Python 3 を使用します。 Miniconda には、通常の Anaconda に入っているすべてのライブラリが付属しているわけではない点に注意が必要です。 そのため、ライブラリをインストールしながら進めていきます。 Miniconda のインストールはとても簡単です。

　最初にやるべきことは、**Miniconda3** のダウンロードです。

```
$ cd ~/Downloads
$ wget https://repo.anaconda.com/miniconda/...
```

　wget コマンド[4] の後の URL は、Miniconda3 のウェブページから選ぶ URL です。 64 ビットの Linux システムの場合、本書執筆時の URL は次のとおりです。

```
https://repo.anaconda.com/miniconda/Miniconda3-latest-Linux-x86_64.sh
```

　Miniconda3 をダウンロードしたら、次のコマンドを実行してください。

```
$ sh Miniconda3-latest-Linux-x86_64.sh
```

　次に、画面に表示される指示に従ってください。 すべて正しくインストールされていれば、ターミナルで conda init と入力して Conda 環境を起動できるはずです。 ここでは、本書で使用する Conda 環境を作成します。 Conda 環境を作成するため、次のように入力します。

---

[1]　https://www.virtualbox.org/
[2]　1 つのコンピュータに複数のオペレーションシステム（OS）をインストールすること。
[3]　https://docs.conda.io/en/latest/
[4]　https://www.gnu.org/software/wget/

```
$ conda create -n environment_name python=3.7.6
```

　コマンドを実行すると、environment_name という名前の Conda 環境が作成されます。この環境は次の方法で有効にできます。

```
$ conda activate environment_name
```

　これですべての環境が整いました。次は、使用するライブラリをインストールしましょう。Conda 環境では、2 つの方法でライブラリをインストールできます。Conda のリポジトリからインストールする方法と、PyPI[5] の公式リポジトリからインストールする方法です。

```
$ conda/pip install package_name
```

　注：ライブラリの中には、Conda のリポジトリで入手できないものがあるかもしれません。したがって、本書では pip を使ってインストールするのが最も望ましい方法です。本書の執筆中に使用したライブラリのリストは、GitHub リポジトリで公開済みの environment.yml で確認できます[6]。このファイルを用いると、次のコマンドで実行環境を作成できます。

```
$ conda env create -f environment.yml
```

　コマンド実行後、ml という環境が作成されます。この環境を起動して使い始めるには、次のように実行しましょう。

```
$ conda activate ml
```

　実行環境の準備が終わりました。本書に沿ってコーディングする際には、常に「ml」の環境であることを忘れないでください。
　それでは、本当の意味での第 1 章を始めましょう。

＊5　https://pypi.org/
＊6　https://github.com/abhi1thakur/approachingalmost

第 **1** 章

教師あり学習と
教師なし学習

　機械学習の問題を扱う場合、一般的には 2 種類のデータ（および機械学習モデル）がありま
す[*1]。

- **教師ありデータ**：常に 1 つまたは複数の目的変数が関連付けられている
- **教師なしデータ**：対象となる目的変数を持たない

　教師ありの問題は、教師なしの問題よりもはるかに簡単に取り組めます。 ある値の予測が
求められる問題を**教師あり（supervised）問題**といいます。 たとえば、次のような問題が考
えられます。

- 過去の住宅価格が与えられ、病院や学校、スーパーマーケットの有無、最寄りの公
  共交通機関までの距離などの特徴量を考慮して住宅価格を予測する
- 猫や犬の画像が提供され、提供された新しい画像が猫か犬かを予測するモデルを作
  成する

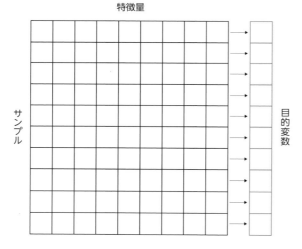

図 1.1　教師ありのデータセット

　図 1.1 に示すように、データセットの各行は、目的変数（target）に関連付けられています。
列は異なる特徴量（feature）、行は異なるデータポイントを表し、通常はサンプル（sample）
と呼ばれます。 この例では、10 個の特徴量を持つ 10 個のサンプルと、数字またはカテゴリ
のいずれかである目的変数を示しています。 目的変数がカテゴリであれば問題は「分類」、実
数の場合「回帰」として定義されます。 このように、教師あり問題は 2 つのサブクラスに分
けられます。

[*1]　教師あり・教師なしに加え「強化学習」を別の区分として考える立場もあります。

- **分類（Classification）**：犬や猫などのカテゴリを予測すること。
- **回帰（Regression）**：住宅価格などの値を予測すること。

　評価指標によっては、分類の設定で回帰を使用する場合があります。 この話題については後ほど説明します。

　教師ありに対する機械学習問題のもう１つの考え方は、**教師なし（unsupervised）** です。 教師なしのデータセットには目的変数が設定されておらず、一般的に教師ありの問題と比較して扱いが難しいとされています。 たとえば、あなたがクレジットカードの取引を扱う金融会社で働いているとします。 毎秒大量に送られてくる取引データから、有効もしくは不正な取引を検知するという課題を考えましょう。

　ある取引が不正か否かという情報がない場合、この問題は教師なしの問題となります。 このような問題に対処するには、データがいくつかの集合に分けられるかを考える必要があります。 不正検知の問題では、データを有効か不正かという２クラスに分類することを目指します。 教師なし問題に適用できる方法はいくつかありますが、このような状況で使用できる手法の１つに**クラスタリング（clustering）** があります。

　クラスタ数が分かっていれば、教師なし問題のクラスタリングのアルゴリズムを使用できます。 図 1.2 では、データには２つのクラスがあると仮定しています。 濃い色は不正行為、薄い色は有効な取引を表しています。 クラスタリングのアルゴリズムを実行することで、想定される２つの対象を区別可能になります。 教師なしの問題に取り組むために、**主成分分析（Principal Component Analysis、PCA）、t 分布型確率的近傍埋め込み法（t-Distributed Stochastic Neighbour Embedding、t-SNE）** などの行列分解技術を用いる場合もあります。

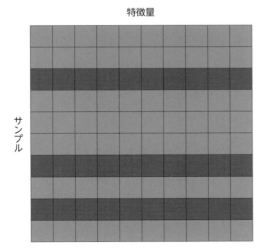

図 1.2　教師なしのデータセット

　教師あり問題に比べ、教師なしのアルゴリズムの結果を評価するのは難しく、関係者による定性的な評価が求められます。 本書では、主に教師ありのデータとモデルに焦点を当てますが、教師なしのデータの問題を無視するということではありません。 評価指標については、次の章で詳しく説明します。

　データサイエンスや機械学習を始めようとするとき、ほとんどの場合、非常に有名なデータセットから始めます。 タイタニックのデータセットでは、チケットのクラス・性別・年齢などの要素に基づいて、タイタニック号に乗っていた人々の生存を予測します。 同様に、アヤメのデータセットでは、がく片の幅・がく片の長さ・花弁の長さ・花弁の幅などの要素に基づいて、花の種類を予測します。

　教師なしの問題の例として、顧客セグメンテーションが挙げられます。 たとえば、電子商取引のサイトを訪れた顧客や、店舗やショッピングモールを訪れた顧客のデータを分析し、顧客をいくつかのカテゴリにまとめ上げるような問題です。 その他、クレジットカードの不正使用の検出や、単純な複数の画像のクラスタリングなどがあります。

　ほとんどの場合、教師ありのデータセットを教師なしに変換して、どのように可視化されるかを確認することも可能です。

　たとえば、図 1.3 のデータセットを見てみましょう。 図 1.3 は、手書きの数字のデータセットとして非常によく知られている **MNIST** データセットです。 教師ありの問題として考えると、数字の画像と対応する正しい目的変数を用いて、画像だけが与えられたときにどの数字かを識別できるモデルを構築することになります。

　このデータセットは、基本的な可視化のために教師なしの設定に簡単に変換できます。

図 1.3　MNIST データセット

このデータセットを t-SNE で分解してみると、画像の画素を 2 次元に圧縮することで、図 1.4 に示すとおりある程度画像を分離できると分かります。

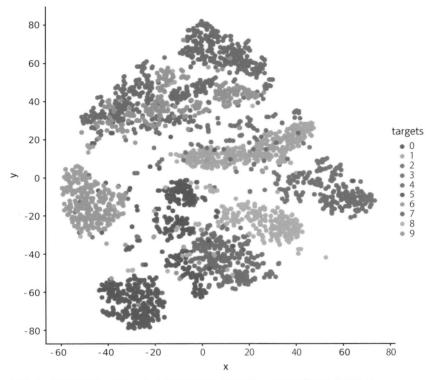

図 1.4　MNIST データセットの t-SNE による可視化。3000 枚の画像を使用

では、その方法をご紹介しましょう。最初に、必要なライブラリをすべて読み込みます。

```
import matplotlib.pyplot as plt
import numpy as np
import pandas as pd
import seaborn as sns

from sklearn import datasets
from sklearn import manifold

%matplotlib inline
```

可視化には matplotlib と seaborn、数値配列の処理には numpy、数値配列からデータフレームを作成するには pandas、データの取得と t-SNE の実行には scikit-learn（sklearn）

を使用しています。

　続いて、データセットの読み込みです。データセットをダウンロードして別途読み込むか、MNIST データセットを提供する scikit-learn の組み込み関数を使用する必要があります[*2]。

```
data = datasets.fetch_openml(
    'mnist_784',
    version=1,
    return_X_y=True
)
pixel_values, targets = data
targets = targets.astype(int)
```

　ここでは、scikit-learn の datasets を使ってデータを取得し、画素値の配列と目的変数の配列を用意しています。目的変数は文字列型になっているので、int 型に変換しています。

　pixel_values は、70000 × 784 の 2 次元配列です。70000 個の異なる画像があり、それぞれの画素のサイズは 28 × 28 です。28 × 28 の画素を 1 列に変換すると、784 個の特徴量が得られます。

　それぞれのサンプルは、元の形状に変換した後に、matplotlib を使って可視化できます。

```
single_image = pixel_values[1, :].reshape(28, 28)

plt.imshow(single_image, cmap='gray')
```

　このコードでは、図 1.5 のような画像が描画されます。

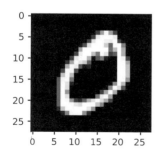

図 1.5　MNIST データセットの 1 枚の画像の可視化

[*2]　本書では scikit-learn 0.22.1 を利用しています。0.24 以上のバージョン用の場合、pixel_values の型が pandas.DataFrame になり、コードの修正が必要となります。引数に as_frame=False を追加すると 0.24 でも動作することを確認しています。

最も重要なのは、データセットを取得した後です。

```
tsne = manifold.TSNE(n_components=2, random_state=42)

transformed_data = tsne.fit_transform(pixel_values[:3000, :])
```

ここでは、t-SNE を用いてデータを変換します。2次元に圧縮する設定でうまく視覚化できます。この場合の変換後のデータ（`transformed_data`）は、3000 × 2（3000 行、2 列）の配列です。配列に対して pd.DataFrame を呼び出すことで、pandas データフレームに変換できます。

```
tsne_df = pd.DataFrame(
    np.column_stack((transformed_data, targets[:3000])),
    columns=["x", "y", "targets"]
)
tsne_df.loc[:, "targets"] = tsne_df.targets.astype(int)
```

ここでは、numpy 配列から pandas データフレームを作成しています。x と y は t-SNE で得られた 2 つの成分で、targets は目的変数です。図 1.6 に示すようなデータフレームが得られます。

	x	y	targets
0	-15.281551	-28.952768	5
1	-23.105896	-68.069321	0
2	-42.503582	35.580391	4
3	38.893967	26.663395	1
4	-14.770573	35.433247	9
5	63.997231	-1.102326	2
6	-6.551701	9.943600	1
7	-20.086042	-44.003902	3
8	-0.806248	12.682267	1
9	-1.481194	45.506077	4

図 1.6　t-SNE の 2 つの成分と目的変数を含む pandas データフレームの最初の 10 行

最後に、seaborn と matplotlib を使って可視化します。

```
grid = sns.FacetGrid(tsne_df, hue="targets", size=8)

grid.map(plt.scatter, "x", "y").add_legend()
```

　これは、教師なしのデータセットを可視化する 1 つの方法です。 同じデータセットに対して **k-means クラスタリング**を実行し、教師なしの設定での性能を確認することも可能です。 よくある質問に「k-means クラスタリングで最適なクラスタ数をどうやって見つけるか」というものがあります。 明確な答えはありませんが、交差検証による方法が存在します。 交差検証については、後ほど説明します。 なお、上記のコードは Jupyter Notebook 上で実行されています。

　本書では、簡単な計算や可視化などに Jupyter Notebook を使用し、ほとんどの場合で利用する言語は Python です。 結果に大きな影響は与えないので、好みのツールや言語を使ってください。

　MNIST は教師ありの分類問題ですが、教師なしの問題に変換することで、何らかの良い結果が得られるかどうかを確認しました。 その結果、t-SNE による分解である程度画像を分離できることが分かりました。 分類アルゴリズムを使えば、さらに良い結果が得られると期待されます。 分類アルゴリズムとはどのようなもので、どのように使用するのでしょうか。 次の章で見ていきましょう。

第 **2** 章

交差検証

　前章では、モデルの構築は一切行いませんでした。 その理由は簡単です。 何らかの機械学習モデルを作成する前に、交差検証とは何か、データセットに応じて最適な交差検証とは何かを知っておかなければならないからです。

　では、**交差検証（cross-validation）**とは何で、なぜ気にする必要があるのでしょうか。

　交差検証とは何かについては、複数の定義があります。 私の定義を一言で述べると「**交差検証とは、機械学習モデルを構築する際に、モデルがデータに正確に当てはまっているかを確認し、過度に適合（過学習）していないかどうかを確認すること**」になります。 ここで**過学習（overfitting）**という別の言葉が登場します。

　過学習を説明するには、データセットを見てみるのが一番です。 非常に有名な**赤ワインの品質に関するデータセット**があります。 このデータセットには、赤ワインの品質を決める11 種類の属性が含まれています。

　11 種類の属性は次のとおりです。

- **fixed acidity**（酒石酸濃度）
- **volatile acidity**（酢酸濃度）
- **citric acid**（クエン酸濃度）
- **residual sugar**（残留糖分濃度）
- **chlorides**（塩化ナトリウム濃度）
- **free sulfur dioxide**（遊離亜硫酸濃度）
- **total sulfur dioxide**（総亜硫酸濃度）
- **density**（密度）
- **pH**
- **sulphates**（硫酸カリウム濃度）
- **alcohol**（アルコール度数）

　これらの異なる属性に基づいて、赤ワインの品質を 0 から 10 までの値で予測することが求められます。 このデータセットがどのようなものか見てみましょう。

```
import pandas as pd
df = pd.read_csv("winequality-red.csv")
```

　このデータセットは、図 2.1 のようになっています。

fixed acidity	volatile acicdity	citric acid	residual sugar	chlorides	free sulfur dioxide	total sulfur dioxide	density	pH	sulphates	alcohol	quality
6.8	0.67	0.00	1.9	0.080	22.0	39.0	0.99701	3.40	0.74	9.7	5
7.2	0.63	0.00	1.9	0.097	14.0	38.0	0.99675	3.37	0.58	9.0	6
8.2	0.31	0.45	2.1	0.216	5.0	16.0	0.99358	3.15	0.81	12.5	7
7.9	0.72	0.17	2.6	0.096	20.0	38.0	0.99780	3.40	0.53	9.5	5
7.6	0.52	0.12	3.0	0.067	12.0	53.0	0.99710	3.36	0.57	9.1	5
...	...	...	...	...	...	...	...	...	...	...	...
10.4	0.41	0.55	3.2	0.076	22.0	54.0	0.99960	3.15	0.89	9.9	6
9.2	0.59	0.24	3.3	0.101	20.0	47.0	0.99880	3.26	0.67	9.6	5
10.2	0.67	0.39	1.9	0.054	6.0	17.0	0.99760	3.17	0.47	10.0	5
8.1	0.78	0.10	3.3	0.090	4.0	13.0	0.99855	3.36	0.49	9.5	5
7.8	0.52	0.25	1.9	0.081	14.0	38.0	0.99840	3.43	0.65	9.0	6

図 2.1　赤ワイン品質データセットの例

　ワインの品質は 0 から 10 の間の実数値を取るため、この問題は分類問題としても回帰問題としても扱うことができます。簡単にするために、ここでは分類問題を選びます。

　実のところ、このデータセットには 6 種類の品質値しか含まれていません。そこで、6 種類の品質値を 0 から 5 のクラス番号に置き換えます[1]。

```
# 品質値の対応表となる辞書
quality_mapping = {
    3: 0,
    4: 1,
    5: 2,
    6: 3,
    7: 4,
    8: 5
}
# pandas の map を用いることで、与えられた辞書に基づき値を変換できる
df.loc[:, "quality"] = df.quality.map(quality_mapping)
```

　データセットを見て分類問題と考えると、適用できるアルゴリズムがたくさん頭に浮かびます。ニューラルネットワークを想起する方もいるでしょう。しかし最初からニューラルネットワークに飛び込むのは、少し敷居が高いかもしれません。まずは単純で視覚的にも分かりやすい**決定木 (decision trees)** から始めてみましょう。

＊1　機械学習の問題として扱う際には、クラス番号は 0 から始まる方が都合が良いためです。

　過学習とは何かを理解するために、データセットを 2 つの部分に分けてみましょう。 この
データセットには 1599 個のサンプルがあります。 学習用に 1000 個を使い、残りは検証用
に残しておきます。

　分割は、次のようなコードで簡単に実装できます。

```python
# sample の引数に frac=1 を指定して、データフレームをシャッフル
# インデックスをリセットする必要あり
df = df.sample(frac=1).reset_index(drop=True)

# 上位 1000 個は学習用
df_train = df.head(1000)

# 下位 599 個は検証用
df_test = df.tail(599)
```

　それでは、学習用のデータセットを用いて決定木モデルを学習しましょう。 決定木モデル
には、scikit-learn を使用してみます。

```python
# ライブラリの読み込み
from sklearn import tree
from sklearn import metrics

# 決定木分類器の初期化
# max_depth は 3 に設定
clf = tree.DecisionTreeClassifier(max_depth=3)

# 学習に利用する特徴量を指定
cols = ['fixed acidity',
        'volatile acidity',
        'citric acid',
        'residual sugar',
        'chlorides',
        'free sulfur dioxide',
        'total sulfur dioxide',
        'density',
        'pH',
        'sulphates',
        'alcohol']

# 与えられた特徴量と対応する目的変数でモデルを学習
clf.fit(df_train[cols], df_train.quality)
```

　決定木分類器の max_depth は 3 に設定し、他のパラメータはすべて標準のままにしています。

　ここで、学習用データセットと評価用データセットを使って、このモデルの正答率を確認します。

```python
# 学習用データセットに対する予測
train_predictions = clf.predict(df_train[cols])
# 検証用データセットに対する予測
test_predictions = clf.predict(df_test[cols])
# 学習用データセットに対する正答率
train_accuracy = metrics.accuracy_score(
    df_train.quality, train_predictions
)
# 検証用データセットに対する正答率
test_accuracy = metrics.accuracy_score(
    df_test.quality, test_predictions
)
```

　正答率は学習用データセットに対して 58.9%、検証用データセットに対して 54.25% となりました。次に max_depth を 7 に増やして再度実行したところ、学習用データセットに対して 76.6%、検証用データセットに対して 57.3% となりました。ここで、評価指標として正答率を使用したのは最も直感的な指標だからですが、この問題に最適な指標ではないかもしれません。max_depth の値を変えながら正答率を計算し、可視化してみましょう。

このコードは Jupyter Notebook 上に書かれている

```python
# scikit-learn ライブラリの読み込み
from sklearn import tree from sklearn import metrics
# 可視化のための matplotlib と seaborn ライブラリの読み込み
import matplotlib
import matplotlib.pyplot as plt
import seaborn as sns

# テキストのフォントサイズの設定
matplotlib.rc('xtick', labelsize=20)
matplotlib.rc('ytick', labelsize=20)

# Jupyter Notebook 内に画像を表示
%matplotlib inline

# 正答率を保存していくためのリストの初期化
# 学習用と検証用の 2 つを用意し、共に初期値は 0.5 とする
train_accuracies = [0.5]
test_accuracies = [0.5]
```

```python
# さまざまな depth に対して繰り返す
for depth in range(1, 25):
    # モデルの初期化
    clf = tree.DecisionTreeClassifier(max_depth=depth)
    # 学習に利用する特徴量を指定
    # この部分はループの外で実行可能
    cols = [
        'fixed acidity',
        'volatile acidity',
        'citric acid',
        'residual sugar',
        'chlorides',
        'free sulfur dioxide',
        'total sulfur dioxide',
        'density',
        'pH',
        'sulphates',
        'alcohol'
    ]
    # 与えられた特徴量と対応する目的変数でモデルを学習
    clf.fit(df_train[cols], df_train.quality)

    # 学習用と検証用データセットに対する予測
    train_predictions = clf.predict(df_train[cols])
    test_predictions = clf.predict(df_test[cols])
    # 学習用と検証用データセットに対する正答率を計算
    train_accuracy = metrics.accuracy_score(
        df_train.quality, train_predictions
    )
    test_accuracy = metrics.accuracy_score(
        df_test.quality, test_predictions
    )
    # リストに計算結果を追加
    train_accuracies.append(train_accuracy)
    test_accuracies.append(test_accuracy)

# matplotlib と seaborn による可視化
plt.figure(figsize=(10, 5))
sns.set_style("whitegrid")
plt.plot(train_accuracies, label="train accuracy")
plt.plot(test_accuracies, label="test accuracy")
plt.legend(loc="upper left", prop={'size': 15})
plt.xticks(range(0, 26, 5))
plt.xlabel("max_depth", size=20)
plt.ylabel("accuracy", size=20)
plt.show()
```

実行結果を図 2.2 に示します。

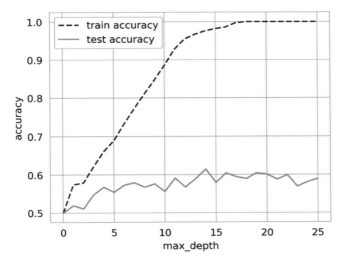

図 2.2　max_depth の値を変えた場合の学習用と検証データセットに対する正答率

　max_depth の値が 14 のときに、評価用データセットに対する最良のスコアが得られると分かります。 このパラメータの値を増やし続けると、評価用データセットに対する正答率（test accuracy）は変わらないか悪くなりますが、学習用データセットに対する正答率（train accuracy）は上がり続けます。max_depth の増加に伴って、単純な決定木モデルが学習用データセットに過剰に適合し続け、検証用データセットに対しては全く性能が改善していない状況ともいえます。

これを過学習といいます。

　このモデルは、学習用データセットに完璧に適合していますが、検証用データセットになると性能が低下します。 これは、モデルが学習用データセットをよく学習している一方で、未知のサンプルに対する汎化性能を持っていないことを意味します。 仮に学習用データセットにのみ高い性能を示すモデルが構築できても、実世界のサンプルや新しいデータでは同様の結果を得られないため、役に立ちません。

　今回の場合、検証用データセットに対する正答率はほぼ変わらないので、過学習ではないといえるかもしれません。 過学習についての別の定義として「学習用データセットに対する損失を改善し続けると、検証用データセットに対する損失が増加すること」があります。 これは、ニューラルネットワークではよくあることです。

　ニューラルネットワークを学習する際には、学習用と検証用の両方のデータセットについて、学習中の損失を監視する必要があります。 非常に小さい（サンプル数が非常に少ない）データセットに対して非常に大きなネットワークを構築した場合、学習の当初は両方の損失

が減少することが分かります。 しかし、エポック（epoch）[2] が進むと、ある時点で検証用データセットに対する損失（validation loss）が最小になり、その後は学習用データセット（training loss）の損失がさらに減少しても、検証用データセットの損失は増加し始めてしまいます（図2.3）。 検証用データセットに対する損失が最小値に達した時点で、学習を停止する必要があります。

これが過学習の最も一般的な説明です。

オッカムの剃刀（Occam's razor） と呼ばれる指針があります。 簡単に言うと「ある事柄を説明するためには、必要以上に多くを仮定するべきでない」ということです。

言い換えれば、最も単純な解決策は、最も一般化可能な解決策です。 一般的に、あなたのモデルがオッカムの剃刀に従わない場合、それは**おそらく**過学習です。

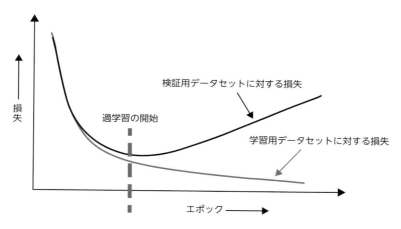

図2.3　過学習の最も一般的な定義

これで、交差検証の話に戻ることができます。

過学習の説明の中で、データセットを2つの部分に分けることにしました。 一方のデータセットでモデルを学習し、もう一方のデータセットで性能を確認しました。 これも交差検証の一種であり、一般的には**ホールドアウトセット**と呼ばれています。 大量のデータセットがあり、モデルの推論に時間がかかる場合に、このような検証を行います。

交差検証にはさまざまな方法があります。 適した交差検証の方法を選ぶのは、未知のデータに対して汎化性能を持つ機械学習モデルを構築するために、最も重要な手順です。 **正しい交差検証の選択方法**は、扱うデータセットによって異なります。 あるデータセットでの交差検証のやり方は、他のデータセットに適用できる場合もあれば、できない場合もあります。

＊2　学習用データセットで繰り返し学習する回数。

一般的で広く使用されているいくつかの種類を把握しつつ、データセットごとに適切な手法を選択しましょう。

- **k-fold 交差検証**
- **stratified k-fold 交差検証**
- **ホールドアウト検証**
- **leave-one-out 交差検証**
- **group k-fold 交差検証**

交差検証は、学習用データセットをいくつかの fold という単位に分割します。 そのうちのいくつかの部分でモデルを学習し、残りの部分で検証します（図 2.4）。

特徴量

	T	R	A	I	N	I	N	G	→	
V	A	L	I	D	A	T	I	O	N	→
	T	R	A	I	N	I	N	G	→	
	T	R	A	I	N	I	N	G	→	
	T	R	A	I	N	I	N	G	→	
	T	R	A	I	N	I	N	G	→	
V	A	L	I	D	A	T	I	O	N	→
V	A	L	I	D	A	T	I	O	N	→
	T	R	A	I	N	I	N	G	→	
V	A	L	I	D	A	T	I	O	N	→

サンプル（左側）　目的変数（右側）

図 2.4　データセットを学習用と検証用に分割

図 2.4 と図 2.5 では、機械学習モデルを構築するためのデータセットを、**学習用と検証用の 2 つの異なるデータセット**に分割しています。 多くの場合は**評価用**の 3 つ目のデータセットの分割が存在しますが、今回は 2 つのみを使用します。 図に示すとおり、データセットを互いに異なる k 個に分割でき、これを **k-fold 交差検証**といいます。

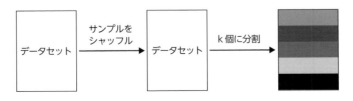

データセット　→（サンプルをシャッフル）→　データセット　→（k 個に分割）→

図 2.5　k-fold 交差検証

　scikit-learn に実装されている KFold を使うことで、任意のデータを k 等分に分割できます[3]。 k-fold 交差検証を使用する場合、各サンプルには 0 から k-1 までの値が割り当てられます。

```
# pandas と scikit-learn の model_selection の読み込み
import pandas as pd
from sklearn import model_selection


if __name__ == "__main__":
    # 学習用データセットは train.csv という CSV ファイルになっている
    df = pd.read_csv("train.csv")

    # kfold という新しい列を作り、-1 で初期化
    df["kfold"] = -1

    # サンプルをシャッフル
    df = df.sample(frac=1).reset_index(drop=True)

    # KFold クラスの初期化
    kf = model_selection.KFold(n_splits=5)

    # kfold 列を埋める
    for fold, (trn_, val_) in enumerate(kf.split(X=df)):
        df.loc[val_, 'kfold'] = fold

    # データセットを新しい列と共に保存
    df.to_csv("train_folds.csv", index=False)
```

　この処理は、さまざまな種類のデータセットで使用できます。 たとえば、画像がある場合は、画像のインデックス、画像の位置、画像の目的変数を含む CSV を作成し、上記の処理を行います。

　次に重要な交差検証の種類は、**stratified k-fold** です。 90%の正のサンプルと 10%の負のサンプルしかない偏った 2 値分類のデータセットを扱う場合、ランダムな k-fold 交差検証は使いたくありません。 このようなデータセットに単純な k-fold 交差検証を使用すると、すべての負のサンプルを持つ分割が存在するような事態を招きかねないからです。 こうした状況では、stratified k-fold 交差検証の使用をお勧めします。 stratified k-fold 交差検証では、各分割における目的変数の比率を一定に保ちます。 つまり、各分割では、90%の正のサンプルと 10%の負のサンプルが同じように存在することになります。 そのため、どのような評価指標を選んでも、すべての分割で類似の結果が得られると期待されます。

----

　[3]　本書のコードでは事前にデータセットをシャッフルしていますが、KFold など交差検証用のクラスの引数に shuffle=True を指定する方法もあります。

k-fold 交差検証のコードを修正して、stratified k-fold 交差検証を作成するのは簡単です。
`model_selection.KFold` から `model_selection.StratifiedKFold` に変更するだけで、
`kf.split(…)` 関数では、割合を均一に保ちたい列を指定します。 ここでは CSV データセッ
トに目的変数を含む列があり、分類問題であることを想定しています。

```python
# pandas と scikit-learn の model_selection の読み込み
import pandas as pd
from sklearn import model_selection

if __name__ == "__main__":
    # 学習用データセットは train.csv という CSV ファイルになっている
    df = pd.read_csv("train.csv")

    # kfold という新しい列を作り、-1 で初期化
    df["kfold"] = -1

    # サンプルをシャッフル
    df = df.sample(frac=1).reset_index(drop=True)

    # 目的変数を取り出す
    y = df.target.values

    # StratifiedKFold クラスの初期化
    kf = model_selection.StratifiedKFold(n_splits=5)

    # kfold 列を埋める
    for f, (t_, v_) in enumerate(kf.split(X=df, y=y)):
        df.loc[v_, 'kfold'] = f

    # データセットを新しい列と共に保存
    df.to_csv("train_folds.csv", index=False)
```

ワインのデータセットを題材に、目的変数の分布を見てみましょう。

```python
b = sns.countplot(x='quality', data=df)
b.set_xlabel("quality", fontsize=20)
b.set_ylabel("count", fontsize=20)
```

先に示したコードの続きであることに注意してください。 目的変数の値は、0 から 5 のク
ラス番号に置き換えられています。 図 2.6 を見ると、サンプル数の多いクラスもあれば、そ
れほど多くないクラスもあり、品質（quality）が非常に偏っていることが分かります。 単
純な k-fold の場合、すべての分割で目的変数の分布が均等になることはありません。 この場

合は stratified k-fold 交差検証を選択します。

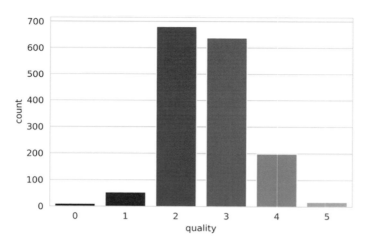

図 2.6　赤ワイン品質データセットにおける目的変数の分布

　標準的な分類問題であれば、取りあえず stratified k-fold 交差検証を選ぶといってもよい
かもしれません。

　しかし、大量のデータがある場合はどうすれば良いでしょうか。 たとえば、100 万個のサ
ンプルがあるとします。 k=5 の設定で交差検証を行うと、80 万個のサンプルで学習し、20
万個のサンプルで検証することになります。 選択するアルゴリズムにも依りますが、この規
模のデータセットでは、学習や検証に非常に時間がかかります。 このような場合には、**ホー
ルドアウト (hold-out)** 検証も選択肢に入ります。

　ホールドアウトを作成する過程は、stratified k-fold 交差検証と同じです。 たとえば 100
万個のサンプルを持つデータセットの場合、分割数を 5 ではなく 10 とし、そのうちの 1 つ
をホールドアウトとして用いることが考えられます。 つまり、90 万個のサンプルで学習し、
損失や正答率などの評価指標は常に残りの 10 万個のサンプルで計算します。

　ホールドアウト検証は、**時系列 (time-series) データ**でもよく使われます。 ある店舗の
2020 年の売上 (sales) を予測するという問題で、2015 年から 2019 年のすべてのデータが
提供されている例を考えましょう。 この場合、2019 年のすべてのデータをホールドアウト
として選択し、2015 年から 2018 年までのすべてのデータでモデルを学習することができま
す。

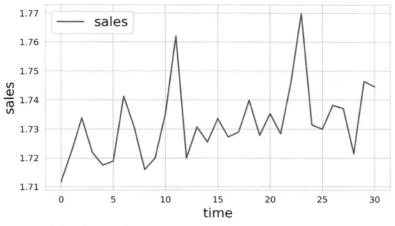

図2.7　時系列データの例

　図 2.7 の例で、横軸の 31 から 40 までの期間（time）の売上を予測したい場合を考えます。このとき、21 から 30 までのデータは使わず、0 から 20 までのデータでモデルを学習させることで、未来のデータに対する汎化性能を検証するのが一般的です。 最終的に 31 から 40 までの予測を行う場合、21 から 30 までのデータもモデルに含めて学習できます。

　検証用に分割したデータセットは学習用に使えないため、検証用データセットを大きく確保することは、モデルの性能の悪化に繋がる可能性があります。 そのような場合に、k=N（N はデータセットのサンプル数）の k-fold 交差検証も選択肢に入るでしょう。 すべての分割で、ある 1 つのサンプルを除くすべてのデータで学習することを意味し、**leave-one-out 交差検証**と呼ばれます。 ここでの交差検証の分割数は、データセットに含まれるサンプル数と同じです。

　モデルの速度が十分でない場合は時間がかかることに注意する必要がありますが、この交差検証を使用することが望ましいのは、小さなデータセットの場合だけなので、あまり問題にはなりません。

　続いて回帰問題に移りましょう。 回帰問題の場合も、stratified k-fold 交差検証を除いて、ここまで説明した交差検証の手法を利用できます。 stratified k-fold 交差検証についても、問題を少し変えることで、回帰問題に適用する方法があります。 ほとんどの場合、単純な k-fold 交差検証はどんな回帰問題にも有効です。 しかし、目的変数の分布が一貫していない場合に、stratified k-fold 交差検証を使うことも視野に入れましょう。

　回帰問題で stratified k-fold 交差検証を使用するためには、対象をいくつかの塊（ビン）に分割します。 適切なビンの数を選ぶにはいくつかの方法があります。 サンプル数が多い場合（1 万や 10 万以上）は、ビンの数を気にする必要はなく、10 や 20 に分割すれば良いでしょう。サンプル数が少ない場合には、**スタージェスの公式（Sturge's Rule）**のような単純なルー

ルを使用して、適切なビンの数（num of bins）を計算できます。

$$スタージェスの公式：ビンの数 = 1 + log_2(N)$$

ここで、N はデータセットに含まれるサンプル数です。この関数を図 2.8 に示します。

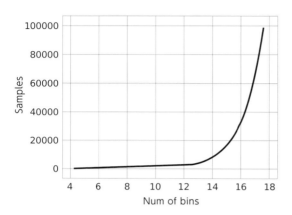

図 2.8　スタージェスの公式によるサンプルとビンの数

回帰データセットを作成し、次の Python コードに示すように、stratified k-fold 交差検証を適用してみましょう。

```python
# 回帰問題での stratified k-fold
import numpy as np
import pandas as pd

from sklearn import datasets
from sklearn import model_selection

def create_folds(data):
    # kfold という新しい列を作り、-1 で初期化
    data["kfold"] = -1

    # サンプルをシャッフル
    data = data.sample(frac=1).reset_index(drop=True)

    # スタージェスの公式に基づき、ビン数を計算
    # 小数点以下を切り捨て、値を int 型に変換する
    num_bins = int(np.floor(1 + np.log2(len(data))))

    # 目的変数をビンに変換
    data.loc[:, "bins"] = pd.cut(
```

```
        data["target"], bins=num_bins, labels=False
    )

    # StratifiedKFold クラスの初期化
    kf = model_selection.StratifiedKFold(n_splits=5)

    # kfold 列を埋める
    # 目的変数そのものではなく、ビンの値を利用
    for f, (t_, v_) in enumerate(kf.split(X=data, y=data.bins.values)):
        data.loc[v_, 'kfold'] = f

    # ビンの列を削除
    data = data.drop("bins", axis=1)
    # データセットを新しい列と共に返却
    return data

if __name__ == "__main__":
    # 15000 サンプルの回帰データセットを作成
    # 特徴量は 100 列で目的変数は 1 列
    X, y = datasets.make_regression(
        n_samples=15000, n_features=100, n_targets=1
    )

    # 特徴量を pandas のデータフレームに変換
    df = pd.DataFrame(
        X,
        columns=[f"f_{i}" for i in range(X.shape[1])]
    )
    df.loc[:, "target"] = y

    # 分割を作成
    df = create_folds(df)
```

　交差検証は、機械学習モデルを構築する際の最初の、そして最も重要な手順です。 特徴量エンジニアリングをする前に、まずデータを分割しましょう。 モデルを構築する前に、まずデータを分割しましょう。 **学習用データセットや実世界の実態に即した優れた交差検証の枠組みを実現**できれば、汎用性の高い優れた機械学習モデルを構築できることでしょう。

　本章で紹介した交差検証を用いれば、ほとんどすべての機械学習の問題に対応できるはずです。 しかし、交差検証もデータセットに大きく依存することを念頭に置き、課題やデータセットに応じて新たな形式を採用する必要があるかもしれません。

　たとえば、患者の皮膚画像から皮膚がんを検出するモデルを構築するという問題があるとします。 課題は、入力画像を受け取り、その画像が良性か悪性かの確率を予測する分類器を構築することです。

　このようなデータセットでは、学習用データセットの中に同じ患者の複数の画像が含まれ

35

ている場合があります。 優れた交差検証の枠組みを構築するためには、目的変数の割合を均一に保つための stratified k-fold 交差検証を用意するのが望ましいですが、同時に学習用データセットに含まれる患者の画像が検証用データセットに含まれないようにする必要もあります。 scikit-learn は GroupKFold と呼ばれる交差検証用のクラスを提供しています。 ここでは、患者をグループとして捉えることができます。 しかし残念ながら、scikit-learn には GroupKFold と StratifiedKFold を組み合わせる方法はありません[4]。 実装方法については、読者の方への演習問題として残しておきます。

---

[4]　2021 年 3 月、新たに StratifiedGroupKFold クラスが実装されましたが、正式リリースについては未定となっています。

第 3 章

評価指標

　現実世界の機械学習の問題では、さまざまな種類の評価指標に遭遇します。 時には、ビジネス上の問題に合わせて指標を作成してしまう人さえいます。 すべての評価指標を紹介することはできませんが、最初のプロジェクトを始める際に使用できる、最も一般的な評価指標をいくつか見てみましょう。

　本書の冒頭では、教師あり学習と教師なし学習について紹介しました。 教師なし学習にも使える指標はいくつかありますが、ここでは教師ありに絞って説明します。 教師ありの問題は教師なしに比べて豊富にあり、教師なしの手法の評価はかなり主観的になるからです。

　分類問題で、最も一般的に使用されている評価指標は次のとおりです。

- ・正答率（accuracy）
- ・適合率（precision）
- ・再現率（recall）
- ・F1 スコア（F1）
- ・Area Under the ROC Curve（AUC）
- ・Log loss
- ・Precision at k（P@k）
- ・Average precision at k（AP@k）
- ・Mean average precision at k（MAP@k）

回帰問題で、最も一般的に使用されている評価指標は次のとおりです。

- ・平均絶対誤差（mean absolute error、MAE）
- ・平均二乗誤差（mean squared error、MSE）
- ・平均平方二乗誤差（root mean squared error、RMSE）
- ・平均平方二乗対数誤差（root mean squared logarithmic error、RMSLE）
- ・平均パーセンテージ誤差（mean percentage error、MPE）
- ・平均絶対パーセンテージ誤差（mean absolute percentage error、MAPE）
- ・決定係数（R^2、R-squared、coefficient of determination）

　これらの評価指標について、計算方法のみを把握するだけでは不十分です。 目的変数などのデータセットの特徴を踏まえて、どの指標をいつ使えば良いかを理解する必要があります。個人的には、データセットの中でも特に目的変数が重要だと考えています。

　これらの評価指標について詳しく知るために、簡単な問題から始めていきましょう。 **二値分類問題（binary classification problem）**、つまり、目的変数が取り得る値が 2 種類しかない問題を考えます。 ここでは、胸部 X 線画像を分類する問題だとします。 問題のない胸部X 線画像もあれば、気胸とも呼ばれる肺がしぼんだ状態の胸部 X 線画像もあります（図 3.1）。胸部 X 線画像に気胸があるかを検出できる分類器を作ることが課題です。

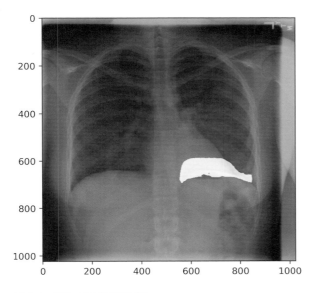

図 3.1　気胸を示す肺の画像。
画像は Kaggle「SIIM-ACR Pneumothorax Segmentation」[1]**コンテストより引用**

　気胸ありと気胸なしの胸部 X 線画像は同数であると仮定し、それぞれ 100 枚とします。つまり陽性が 100 枚、陰性が 100 枚、合計 200 枚の画像を用意します。

　最初にデータセットを 100 枚ずつ、学習用と検証用の 2 つのデータセットに分割します。両者とも、陽性（positive）と陰性（negative）が 50 枚ずつになります。二値分類の評価指標において、陽性と陰性のサンプルが同数の場合、一般的には正答率、適合率、再現率、F1 スコアを使用します。

　正答率（accuracy）：機械学習で使われる最も分かりやすい評価指標の 1 つです。モデルの予測値がどれだけ正確かを定義します。前述の問題で、90 枚の画像を正確に分類するモデルを構築した場合、その正答率は 90%（0.90）となります。83 枚の画像しか正しく分類されなかった場合、モデルの正答率は 83%、つまり 0.83 です。簡単ですね。

　正答率を計算する Python のコードも非常に単純です。

```
def accuracy(y_true, y_pred):
    """
    正答率を計算する関数
    :param y_true: 正解のリスト
    :param y_pred: 予測値のリスト
```

＊1　https://www.kaggle.com/c/siim-acr-pneumothorax-segmentation

```
:return: 正答率
"""
# 正解した予測値の数を保持する変数
correct_counter = 0
# すべてのサンプルについて確認
for yt, yp in zip(y_true, y_pred):
    if yt == yp:
        # 正解と予測値が等しい場合は 1 を加算
        correct_counter += 1

# 正答率を返す
return correct_counter / len(y_true)
```

scikit-learn の実装も利用できます。

```
In [X]: from sklearn import metrics
   ...: l1 = [0,1,1,1,0,0,0,1]
   ...: l2 = [0,1,0,1,0,1,0,0]
   ...: metrics.accuracy_score(l1, l2)

Out[X]: 0.625
```

　データセットを少し変更して、気胸のない胸部 X 線画像が 180 枚で、気胸のある画像が 20 枚だけになった場合を考えてみましょう。 この場合でも、学習用と検証用のデータセットは、陽性と陰性（気胸ありと気胸なし）の比率が同じになるように作成します。 それぞれのデータセットには、気胸なしの画像が 90 枚、気胸ありの画像が 10 枚含まれることになります。ここで、すべての画像が気胸なしだと予測した場合、その正答率はどうなるでしょうか。90%の画像を正しく分類できているので、正答率は 90%です。

　でも、もう 1 回よく考えてみてください。

　すべて気胸なしと予測するだけで達成した 90%という正答率に、意味があるでしょうか。データセットを改めて確認すると、あるクラスのサンプル数が他のクラスのサンプル数を大きく上回っています。 このような場合、データの特性をきちんと捉えられていないため、評価指標として正答率を使用するのは好ましくありません。 たとえ手元のデータセットで高い正答率が得られても、実際にはモデルの性能はそれほど高くないという事態に陥ってしまいます。

　このようなときには、**適合率（precision）** などの他の評価指標を確認する方が良いでしょう。

　適合率について学ぶ前に、いくつかの用語を知っておく必要があります。 ここでは、気胸のある胸部 X 線画像を陽性（クラス 1、positive）、気胸のない胸部 X 線画像を陰性（クラス 0、

negative）とします。

真陽性（True positive）（TP）：
ある画像に対して、モデルが気胸があると予測し、実際に気胸である場合。
真陰性（True negative）（TN）：
ある画像に対して、モデルが気胸ではないと予測し、実際に気胸ではない場合。
簡単に言えば、モデルが陽性を正しく予測すれば真陽性で、陰性を正しく予測すれば真陰性です。
偽陽性（False positive）（FP）：
ある画像に対して、モデルが気胸であると予測した一方で、実際は気胸ではない場合。
偽陰性（False negative）（FN）：
ある画像に対して、モデルが気胸ではないと予測した一方で、実際は気胸である場合。

　簡単に言えば、モデルが陽性を誤って予測すれば偽陽性で、陰性を誤って予測すれば偽陰性です。
　これらの実装を1つずつ見ていきましょう。

```python
def true_positive(y_true, y_pred):
    """
    真陽性を計算する関数
    :param y_true: 正解のリスト
    :param y_pred: 予測値のリスト
    :return: 真陽性の数
    """
    # 初期化
    tp = 0
    for yt, yp in zip(y_true, y_pred):
        if yt == 1 and yp == 1:
            tp += 1
    return tp

def true_negative(y_true, y_pred):
    """
    真陰性を計算する関数
    :param y_true: 正解のリスト
    :param y_pred: 予測値のリスト
    :return: 真陰性の数
    """
    # 初期化
    tn = 0
    for yt, yp in zip(y_true, y_pred):
        if yt == 0 and yp == 0:
            tn += 1
```

```
        return tn

def false_positive(y_true, y_pred):
    """
    偽陽性を計算する関数
    :param y_true: 正解のリスト
    :param y_pred: 予測値のリスト
    :return: 偽陽性の数
    """
    # 初期化
    fp = 0
    for yt, yp in zip(y_true, y_pred):
        if yt == 0 and yp == 1:
            fp += 1
    return fp

def false_negative(y_true, y_pred):
    """
    偽陰性を計算する関数
    :param y_true: 正解のリスト
    :param y_pred: 予測値のリスト
    :return: 偽陰性の数
    """
    # 初期化
    fn = 0
    for yt, yp in zip(y_true, y_pred):
        if yt == 1 and yp == 0:
            fn += 1
    return fn
```

　この実装は非常に単純で、二値分類にしか使えません。実行結果を確認してみましょう。

```
In [X]: l1 = [0,1,1,1,0,0,0,1]
   ...: l2 = [0,1,0,1,0,1,0,0]

In [X]: true_positive(l1, l2)
Out[X]: 2

In [X]: false_positive(l1, l2)
Out[X]: 1

In [X]: false_negative(l1, l2)
Out[X]: 2

In [X]: true_negative(l1, l2)
Out[X]: 3
```

ここまでに学んだ用語を使うことで、正答率は次のように表現できます。

$$正答率 = (TP + TN) / (TP + TN + FP + FN)$$

この定義に基づいて、正答率を計算する関数（accuracy_v2）を実装してみましょう。

```python
def accuracy_v2(y_true, y_pred):
    """
    真陽性、真陰性、偽陽性、偽陰性を用いて正答率を計算する関数
    :param y_true: 正解のリスト
    :param y_pred: 予測値のリスト
    :return: 正答率
    """
    tp = true_positive(y_true, y_pred)
    fp = false_positive(y_true, y_pred)
    fn = false_negative(y_true, y_pred)
    tn = true_negative(y_true, y_pred)
    accuracy_score = (tp + tn) / (tp + tn + fp + fn)
    return accuracy_score
```

実装した関数の正しさは、以前の実装や scikit-learn の出力と比較することで確認できます。

```
In [X]: l1 = [0,1,1,1,0,0,0,1]
   ...: l2 = [0,1,0,1,0,1,0,0]

In [X]: accuracy(l1, l2)
Out[X]: 0.625

In [X]: accuracy_v2(l1, l2)
Out[X]: 0.625

In [X]: metrics.accuracy_score(l1, l2)
Out[X]: 0.625
```

ここでは scikit-learn の metrics.accuracy_score を使用しました。

素晴らしいことに、すべての値が一致しています。実装に間違いがないと確認できました。

ようやく、重要な指標を説明するための準備が整いました。

1つ目は**適合率（precision）**です。適合率は次のように定義されます。

$$適合率 = TP / (TP + FP)$$

　目的変数に偏りのあるデータセットに対して新しいモデルを作り、90 枚中 80 枚の気胸なし画像と 10 枚中 8 枚の気胸あり画像を正しく予測したとします。 100 枚中 88 枚の画像を正しく識別できたことになり、正答率は 0.88 (88%) です。

　10 枚の気胸なし画像は気胸あり、2 枚の気胸あり画像は気胸なしに誤分類されており、次の結果が得られました。

- ・TP 真陽性：8
- ・TN 真陰性：80
- ・FP 偽陽性：10
- ・FN 偽陰性：2

　定義に沿って計算すると、適合率は 8 / (8 + 10) = 0.444 となります。陽性サンプル（気胸あり）を識別しようとしたときに、モデルが 44.4%の確率で正しいことを意味します。

　真陽性、真陰性、偽陽性、偽陰性は既に実装済みなので、適合率は Python で簡単に実装できます。

```python
def precision(y_true, y_pred):
    """
    適合率を計算する関数
    :param y_true: 正解のリスト
    :param y_pred: 予測値のリスト
    :return: 適合率
    """
    tp = true_positive(y_true, y_pred)
    fp = false_positive(y_true, y_pred)
    precision = tp / (tp + fp)
    return precision
```

　挙動を確認しておきましょう。

```
In [X]: l1 = [0,1,1,1,0,0,0,1]
   ...: l2 = [0,1,0,1,0,1,0,0]
In [X]: precision(l1, l2)
Out[X]: 0.6666666666666666
```

良さそうです。

続いて、**再現率（recall）**についてです。再現率は次のように定義されます。

$$再現率 = TP / (TP + FN)$$

先の例では、再現率は 8 / (8 + 2) = 0.80 となります。モデルが 80%の陽性サンプルを正しく識別したことを意味します。

```python
def recall(y_true, y_pred):
    """
    再現率を計算する関数
    :param y_true: 正解のリスト
    :param y_pred: 予測値のリスト
    :return: 再現率の数
    """
    tp = true_positive(y_true, y_pred)
    fn = false_negative(y_true, y_pred)
    recall = tp / (tp + fn)
    return recall
```

先ほど使った小さなリストの例の場合、再現率は 0.5 になるはずです。確認してみましょう。

```
In [X]: l1 = [0,1,1,1,0,0,0,1]
   ...: l2 = [0,1,0,1,0,1,0,0]

In [X]: recall(l1, l2)
Out[X]: 0.5
```

出力は問題なさそうです。

「良い」モデルであれば、適合率と再現率が高くなるはずです。上の例では、再現率は非常に高い一方で、適合率は非常に低くなっています。このモデルは、かなり多くの偽陽性を生成しますが、偽陰性は少ないです。この種の問題では、偽陰性が少ないことは良いことです。なぜなら、患者が気胸を患っているにもかかわらず、気胸ではないと判断してほしくないからです。しかし、偽陰性に比べれば悪くないですが、偽陽性が多いのもよくありません。

ほとんどのモデルは予測確率を出力しますが、分類結果を予測する際には閾値を 0.5 に設定するのが一般的です。この設定は必ずしも理想的ではなく、閾値に応じて適合率と再現率の値が大きく変わることがあります。閾値を変えながら適合率と再現率の値を計算していくと、図 3.2 のような図を得ることが可能です。この図または曲線は、precision-recall 曲線

として知られています。

　次の 2 つのリストを題材に、precision-recall 曲線を作成してみましょう。

```
In [X]: y_true = [0, 0, 0, 1, 0, 0, 0, 0, 0, 0,
   ...:           1, 0, 0, 0, 0, 0, 0, 0, 1, 0]

In [X]: y_pred = [0.02638412, 0.11114267, 0.31620708,
   ...:           0.0490937,  0.0191491,  0.17554844,
   ...:           0.15952202, 0.03819563, 0.11639273,
   ...:           0.079377,   0.08584789, 0.39095342,
   ...:           0.27259048, 0.03447096, 0.04644807,
   ...:           0.03543574, 0.18521942, 0.05934905,
   ...:           0.61977213, 0.33056815]
```

　　それぞれのリストは、サンプルの正解と、陽性である予測確率を保持しています。これまでは（ほとんどの場合、0.5 の閾値で分類した）0 か 1 の予測値を使ってきましたが、ここでは代わりに予測確率を見るということです。

```
precisions = []
recalls = []
# 次の閾値を対象とする
thresholds = [0.0490937 , 0.05934905, 0.079377,
              0.08584789, 0.11114267, 0.11639273,
              0.15952202, 0.17554844, 0.18521942,
              0.27259048, 0.31620708, 0.33056815,
              0.39095342, 0.61977213]

# それぞれの閾値について、予測値を 0 か 1 に変換した後、適合率と再現率を計算
# 計算結果はそれぞれのリストに格納
for i in thresholds:
    temp_prediction = [1 if x >= i else 0 for x in y_pred]
    p = precision(y_true, temp_prediction)
    r = recall(y_true, temp_prediction)
    precisions.append(p)
    recalls.append(r)
```

　得られた値は、次のように可視化します。

```
plt.figure(figsize=(7, 7))
plt.plot(recalls, precisions)
plt.xlabel('Recall', fontsize=15)
plt.ylabel('Precision', fontsize=15)
```

出力結果を図 3.2 に示します。

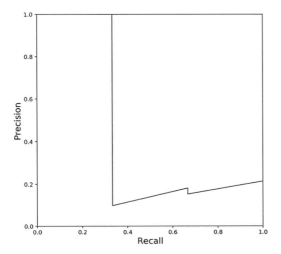

図 3.2 precision-recall 曲線

インターネットで見慣れた **precision-recall 曲線**と異なる印象を受けた方もいるかもしれませんが、心配は不要です。 今回の例では、20 個のうち陽性のサンプルが 3 個しかないためで、precision-recall 曲線の定義は同じです。

適合率と再現率の両方が良くなるような閾値を選ぶのは難しいことに気づくでしょう。 閾値が高すぎると、真陽性の数が少なく偽陰性の数が多くなり、再現率は減少しますが適合率は高くなります。 閾値を低くしすぎると、偽陽性が多くなり、適合率は低くなります。

適合率と再現率の範囲はどちらも 0 から 1 で、1 に近いほど良いとされています。

F1 スコアは、両方を組み合わせた指標で、適合率と再現率の調和平均として定義されます。適合率を P、再現率を R で表すと、F1 スコアは次のようになります。

$$\text{F1 スコア} = 2PR / (P + R)$$

適合率と再現率の定義を用いて整理すると、真陽性、偽陽性、偽陰性を基にした F1 の計算式が得られます。

$$\text{F1 スコア} = 2TP / (2TP + FP + FN)$$

既に実装済みの真陽性、偽陽性、偽陰性の関数を用いて、F1 スコアを計算する関数も簡単に実装できます。

```
def f1(y_true, y_pred):
    """
    F1 スコアを計算する関数
    :param y_true: 正解のリスト
    :param y_pred: 予測値のリスト
    :return: F1 スコア
    """
    p = precision(y_true, y_pred)
    r = recall(y_true, y_pred)

    score = 2 * p * r / (p + r)

    return score
```

結果を scikit-learn と比較してみましょう。

```
In [X]: y_true = [0, 0, 0, 1, 0, 0, 0, 0, 0, 0,
   ...:           1, 0, 0, 0, 0, 0, 0, 0, 1, 0]

In [X]: y_pred = [0, 0, 1, 0, 0, 0, 1, 0, 0, 0,
   ...:           1, 0, 0, 0, 0, 0, 0, 0, 1, 0]

In [X]: f1(y_true, y_pred)
Out[X]: 0.5714285714285715
```

同じリストに対する scikit-learn の結果は、次のようになります。

```
In [X]: from sklearn import metrics

In [X]: metrics.f1_score(y_true, y_pred)
Out[X]: 0.5714285714285715
```

　適合率と再現率を個別に見る代わりに、F1 スコアだけを見ることもできます。適合率・再現率・正答率と同様に、F1 スコアも 0 から 1 の範囲で、完璧な予測モデルは F1 スコアが 1 です。目的変数に偏りのあるデータセットを扱う場合は、正答率ではなく F1 スコア（または適合率と再現率）を用いるのが良いでしょう。

　ここまで説明した以外にも、知っておくべき重要な用語があります。

　まず 1 つ目は **TPR (True Positive Rate)** で、これは再現率と同じです。

$$TPR = TP / (TP + FN)$$

再現率と同じですが、この名前で今後も使えるように、Python の関数を作っておきます。

```python
def tpr(y_true, y_pred):
    """
    TPR を計算する関数
    :param y_true: 正解のリスト
    :param y_pred: 予測値のリスト
    :return: TPR
    """
    return recall(y_true, y_pred)
```

TPR や再現率は**感度**（sensitivity）とも言われます。

対の概念として、FPR（False Positive Rate）が、次のように定義されています。

$$FPR = FP / (TN + FP)$$

```python
def fpr(y_true, y_pred):
    """
    FPR を計算する関数
    :param y_true: 正解のリスト
    :param y_pred: 予測値のリスト
    :return: FPR
    """
    fp = false_positive(y_true, y_pred)
    tn = true_negative(y_true, y_pred)
    return fp / (tn + fp)
```

1 - FPR は、**特異度（specificity）** または **True Negative Rate（TNR）** と呼ばれています。たくさんの用語が登場しましたが、この中で最も重要なのは TPR と FPR です。

ここでは、15 個のサンプルの二値分類問題を仮定します。

　　正解：[0, 0, 0, 1, 0, 1, 0, 1, 0, 1, 0, 1, 0, 1, 0, 1, 0, 1]

ランダムフォレストのようなモデルを学習させて、サンプルが陽性である確率が次のように得られました。

　　予測確率：[0.1, 0.3, 0.2, 0.6, 0.8, 0.05, 0.9, 0.5, 0.3, 0.66, 0.3,
　　　　　　　　0.2, 0.85, 0.15, 0.99]

典型的な閾値である 0.5 以上を採用することで、上記の適合率、再現率／ TPR、F1 スコア、FPR のすべての値を評価できます。閾値として 0.4 や 0.6 に選んでも同様で、0 と 1 の間の任意の値を選択して、上述のすべての指標を計算できます。

ここでは、TPR と FPR の値だけを計算してみましょう。

```python
# TPR と FPR の値を格納するリスト
tpr_list = []
fpr_list = []

# 正解
y_true = [0, 0, 0, 0, 1, 0, 1,
          0, 0, 1, 0, 1, 0, 0, 1]

# 陽性の予測確率
y_pred = [0.1, 0.3, 0.2, 0.6, 0.8, 0.05,
          0.9, 0.5, 0.3, 0.66, 0.3, 0.2,
          0.85, 0.15, 0.99]

# 閾値
thresholds = [0, 0.1, 0.2, 0.3, 0.4, 0.5,
              0.6, 0.7, 0.8, 0.85, 0.9, 0.99, 1.0]

# それぞれの閾値についてのループ
for thresh in thresholds:
    # 閾値に基づき予測確率を 0 か 1 に変換
    temp_pred = [1 if x >= thresh else 0 for x in y_pred]
    # TPR を計算
    temp_tpr = tpr(y_true, temp_pred)
    # FPR を計算
    temp_fpr = fpr(y_true, temp_pred)
    # TPR と FPR をリストに格納
    tpr_list.append(temp_tpr)
    fpr_list.append(temp_fpr)
```

このようにして、各閾値（threshold）に対する TPR と FPR の値が得られます（図 3.3）。

	threshold	tpr	fpr
0	0.00	1.0	1.0
1	0.10	1.0	0.9
2	0.20	1.0	0.7
3	0.30	0.8	0.6
4	0.40	0.8	0.3
5	0.50	0.8	0.3

図 3.3　閾値、TPR、FPR の値の表

TPR を Y 軸、FPR を X 軸として可視化すると、図3.4 のような曲線が得られます。

```python
plt.figure(figsize=(7, 7))
plt.fill_between(fpr_list, tpr_list, alpha=0.4)
plt.plot(fpr_list, tpr_list, lw=3)
plt.xlim(0, 1.0)
plt.ylim(0, 1.0)
plt.xlabel('FPR', fontsize=15)
plt.ylabel('TPR', fontsize=15)
plt.show()
```

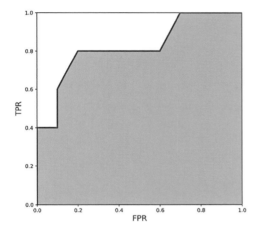

図 3.4　ROC 曲線

　この曲線は、**ROC（Receiver Operating Characteristic）**とも呼ばれています。 この
ROC 曲線の下部の面積は、別の指標として利用可能です。 この指標は、偏った二値の目的変
数を持つデータセットでよく使われます。

　この指標は、**Area Under the ROC Curve** または **Area Under the Curve**、あるいは単
に **AUC** として知られています。ROC 曲線の下部の領域を計算する方法はたくさんあります。
ここでは、scikit-learn による素晴らしい実装を紹介します。

```
In [X]: from sklearn import metrics

In [X]: y_true = [0, 0, 0, 0, 1, 0, 1,
   ...:           0, 0, 1, 0, 1, 0, 0, 1]

In [X]: y_pred = [0.1, 0.3, 0.2, 0.6, 0.8, 0.05,
   ...:           0.9, 0.5, 0.3, 0.66, 0.3, 0.2,
   ...:           0.85, 0.15, 0.99]
```

```
In [X]: metrics.roc_auc_score(y_true, y_pred)
Out[X]: 0.8300000000000001
```

AUC は 0 から 1 の値を取ります。

- **AUC = 1** は完璧なモデルであることを意味します。ほとんどの場合、検証で何らかの過ちを犯しているので、データ処理と検証の一連の流れを見直す必要があります。もしミスがなければ、与えられたデータセットに対して最高のモデルが構築できていることになります。
- **AUC = 0** は、モデルが非常に悪い（もしくは非常に良い）ことを意味します。予測確率を反転させてみてください。たとえば、陽性の確率が p であれば、$1-p$ で置き換えてみてください。このような AUC は、検証やデータ処理に問題があることを意味します。
- **AUC = 0.5** は、予測がランダムであることを意味します。どんな二値分類問題でも、すべてのサンプルに対して 0.5 と予測すれば、AUC は 0.5 になります。

　AUC 値が 0.5 未満の場合、モデルがランダムよりも悪いことを意味します。ほとんどの場合、クラスを反転させてしまっていることが原因です。予測を反転させると、AUC は 0.5 以上になるでしょう。AUC は、1 に近いほど良いと考えられます。

　しかし、AUC からモデルについて何が読み取れるのでしょうか。

　胸部 X 線画像から気胸を検出するモデルを構築したときに、AUC が 0.85 だったとします。これは、データセットから気胸のあるランダムな画像（陽性サンプル）と、気胸のないランダムな画像（陰性サンプル）を選択した場合、0.85 の確率で気胸のある画像が気胸のない画像よりも上位になることを意味します。

　確率と AUC を計算した後は、評価用データセットで予測したいと思います。問題や用途に応じて、予測確率と実際のクラスのどちらかを選択することになります。予測確率が必要な場合は、予測結果そのままで良いので簡単です。クラスに変換したい場合は、閾値を選択する必要があります。二値分類の場合は、次のような条件式になります。

予測値 = (予測確率 >= 閾値)

　つまり、予測値は 0 か 1 の値のみを含む新しいリストです。予測確率が所定の閾値以上であれば 1、そうでなければ 0 となります。

　この閾値を決めるのに、ROC 曲線が使えます。ROC 曲線は、閾値が偽陽性率と真陽性率、つまり偽陽性と真陽性にどのような影響を与えるかを教えてくれます。問題やデータセットに最も適した閾値を選択してください。

たとえば、偽陽性をあまり増やしたくない場合は、閾値を高く設定する必要があります。あまりに閾値が高いと偽陽性が多くなってしまうので、トレードオフを観察して、最適な値を選択してください。 閾値値が、真陽性と偽陽性の数にどのような影響を与えるかを見てみましょう。

```python
# 真陽性と偽陽性の数を格納するリスト
tp_list = []
fp_list = []

# 正解
y_true = [0, 0, 0, 0, 1, 0, 1,
          0, 0, 1, 0, 1, 0, 0, 1]

# 陽性の予測確率
y_pred = [0.1, 0.3, 0.2, 0.6, 0.8, 0.05,
          0.9, 0.5, 0.3, 0.66, 0.3, 0.2,
          0.85, 0.15, 0.99]

# 閾値
thresholds = [0, 0.1, 0.2, 0.3, 0.4, 0.5,
              0.6, 0.7, 0.8, 0.85, 0.9, 0.99, 1.0]

# それぞれの閾値についてのループ
for thresh in thresholds:
    # 閾値に基づき予測確率を0か1に変換
    temp_pred = [1 if x >= thresh else 0 for x in y_pred]
    # 真陽性を計算
    temp_tp = true_positive(y_true, temp_pred)
    # 偽陽性を計算
    temp_fp = false_positive(y_true, temp_pred)
    # 真陽性と偽陽性をリストに格納
    tp_list.append(temp_tp)
    fp_list.append(temp_fp)
```

実行結果を用いて、図 3.5 のような表を作成します。

	threshold	tp	fr
0	0.00	5.0	10.0
1	0.10	5.0	9.0
2	0.20	5.0	7.0
3	0.30	4.0	6.0
4	0.40	4.0	3.0
5	0.50	4.0	3.0
6	0.60	4.0	2.0
7	0.70	3.0	1.0
8	0.80	3.0	1.0
9	0.85	2.0	1.0
10	0.90	2.0	0.0
11	0.99	1.0	0.0
12	1.00	0.0	0.0

図 3.5 異なる閾値に対する真陽性と偽陽性

ほとんどの場合、図 3.6 に示すように、ROC 曲線の左上の値が良い閾値になるはずです。
表と ROC 曲線を比較すると、0.6 程度の閾値が、多くの真陽性を失わず、多くの偽陽性も出さない、非常に良い値であると分かります。

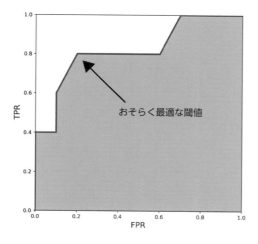

図 3.6 ROC 曲線の一番左の上の点から最適な閾値を選ぶ

AUC は、偏りのある二値分類問題を扱う上で広く使用されている評価指標で、覚えておいて損はないはずです。 AUC の背景にある考え方を理解すれば、実際にモデルを評価する非技術者の人々への説明も容易になるでしょう。

AUC の後は、同様に重要な指標として **Log loss** を学びましょう。 二値分類問題の場合、Log loss は次のように定義されます。

$$\text{Log loss} = -1.0 * (\,正解 * \log(\,予測確率\,) + (1 - 正解\,) * \log(1 - 予測確率\,)\,)$$

ここで正解は 0 か 1 のどちらかで、予測確率はサンプルがクラス 1 に属する確率です。

データセットの中に複数のサンプルがある場合、すべてのサンプルに対する Log loss は、個々の Log loss の単純平均です。 大事なのは、Log loss は不正確な予測や遠く離れた予測に対して非常に大きい損失を課すということです。

```python
import numpy as np

def log_loss(y_true, y_proba):
    """
    Log loss を計算する関数
    :param y_true: 正解のリスト
    :param y_proba: 陽性の予測確率のリスト
    :return: すべてのサンプルに対する Log loss
    """
    # epsilon の定義
    # 予測確率の「クリッピング処理」に利用
    epsilon = 1e-15
    # 個々のサンプルに対する Log loss を格納するリスト
    loss = []
    # それぞれのサンプルについてのループ
    for yt, yp in zip(y_true, y_proba):
        # 予測確率を調整する「クリッピング処理」
        # 0 は epsilon に、1 は 1 - epsilon に変換
        # 理由は演習問題
        yp = np.clip(yp, epsilon, 1 - epsilon)
        # Log loss の計算
        temp_loss = - 1.0 * (
            yt * np.log(yp)
            + (1 - yt) * np.log(1 - yp)
        )
        # リストに格納
        loss.append(temp_loss)
    # 平均値を返す
    return np.mean(loss)
```

実装を確認してみましょう。

```
In [X]: y_true = [0, 0, 0, 0, 1, 0, 1,
   ...:           0, 0, 1, 0, 1, 0, 0, 1]

In [X]: y_proba = [0.1, 0.3, 0.2, 0.6, 0.8, 0.05,
   ...:            0.9, 0.5, 0.3, 0.66, 0.3, 0.2,
   ...:            0.85, 0.15, 0.99]

In [X]: log_loss(y_true, y_proba)
Out[X]: 0.49882711861432294
```

scikit-learn と比較してみます。

```
In [X]: from sklearn import metrics

In [X]: metrics.log_loss(y_true, y_proba)
Out[X]: 0.49882711861432294
```

実装に問題がないと確認できました。 Log loss の実装は簡単ですが、解釈は少し難しく感じるかもしれません。 Log loss は他の指標よりも多くの損失を課すことを理解する必要があります。

たとえば、あるサンプルがクラス 1 に属することを 51%の確率で予測した場合、Log loss は次のようになります。

$$- 1.0 * (1 * \log(0.51) + (1 - 1) * \log(1 - 0.51)) = 0.67$$

クラス 0 に属するサンプルに対して 49%の予測確率が得られた場合、Log loss は次のようになります。

$$- 1.0 * (0 * \log(0.49) + (1 - 0) * \log(1 - 0.49)) = 0.67$$

つまり、閾値を 0.5 に設定して予測が当たったとしても、非常に大きい Log loss が発生してしまうのです。 自信のない予測は、非常に大きい Log loss を持つことになります。

これまで説明してきたほとんどの指標は、多クラス分類問題にも応用できます。 考え方はとても単純です。 適合率と再現率を取り上げましょう。 **多クラス分類 (multi-class classification)** では、各クラスの適合率と再現率を計算できます。

3 つの方法があり、時折混乱することがあります。 まず、適合率について考えましょう。

適合率は、真陽性と偽陽性から計算されます。

- **Macro averaged precision**：すべてのクラスの適合率を個別に計算した後、平均します。
- **Micro averaged precision**：クラスごとに真陽性と偽陽性を求めた後、全体の適合率を算出します。
- **Weighted precision**：すべてのクラスの適合率を個別に計算した後、各クラスのアイテム数に応じて重み付け平均します。

　文章だと複雑に見えますが、Python の実装ならば簡単に理解できるはずです。 Macro averaged precision の実装を見てみましょう。

```python
import numpy as np

def macro_precision(y_true, y_pred):
    """
    Macro averaged precision を計算する関数
    :param y_true: 正解のリスト
    :param y_pred: 予測値のリスト
    :return: Macro averaged precision
    """

    # 目的変数の重複していない値の数を調べることで、クラス数を取得
    num_classes = len(np.unique(y_true))

    # 初期化
    precision = 0

    # それぞれのクラスについてのループ
    for class_ in range(num_classes):

        # 各ループで対象としているクラスを 1、それ以外を 0 に変換
        temp_true = [1 if p == class_ else 0 for p in y_true]
        temp_pred = [1 if p == class_ else 0 for p in y_pred]

        # 真陽性を計算
        tp = true_positive(temp_true, temp_pred)

        # 偽陽性を計算
        fp = false_positive(temp_true, temp_pred)

        # 適合率を計算
        temp_precision = tp / (tp + fp)
```

```
        # 適合率を足し合わせる
        precision += temp_precision

    # 平均の適合率を返す
    precision /= num_classes
    return precision
```

それほど難しくないと気づくでしょう。 Micro averaged precision も同様です。

```
import numpy as np

def micro_precision(y_true, y_pred):
    """
    Micro averaged precision を計算する関数
    :param y_true: 正解のリスト
    :param y_pred: 予測値のリスト
    :return: Micro averaged precision
    """

    # 目的変数の重複していない値の数を調べることで、クラス数を取得
    num_classes = len(np.unique(y_true))

    # 初期化
    tp = 0
    fp = 0

    # それぞれのクラスについてのループ
    for class_ in range(num_classes):
        # 各ループで対象としているクラスを 1、それ以外を 0 に変換
        temp_true = [1 if p == class_ else 0 for p in y_true]
        temp_pred = [1 if p == class_ else 0 for p in y_pred]

        # 真陽性を計算し、足し合わせる
        tp += true_positive(temp_true, temp_pred)

        # 偽陽性を計算し、足し合わせる
        fp += false_positive(temp_true, temp_pred)

    # 適合率を返す
    precision = tp / (tp + fp)
    return precision
```

これも難しいことではありません。 では何が難しいんでしょうか。 何もありません。 **機械学習は簡単です。**

では、Weighted precision の実装を見てみましょう。

```python
from collections import Counter
import numpy as np


def weighted_precision(y_true, y_pred):
    """
    Weighted precision を計算する関数
    :param y_true: 正解のリスト
    :param y_pred: 予測値のリスト
    :return: Weighted precision
    """

    # 目的変数の重複していない値の数を調べることで、クラス数を取得
    num_classes = len(np.unique(y_true))

    # クラスごとのサンプル数の辞書を作成
    # 次のような辞書が得られる：
    # {0: 20, 1:15, 2:21}
    class_counts = Counter(y_true)

    # 初期化
    precision = 0

    # それぞれのクラスについてのループ
    for class_ in range(num_classes):
        # 各ループで対象としているクラスを 1、それ以外を 0 に変換
        temp_true = [1 if p == class_ else 0 for p in y_true]
        temp_pred = [1 if p == class_ else 0 for p in y_pred]

        # 真陽性と偽陽性を計算
        tp = true_positive(temp_true, temp_pred)
        fp = false_positive(temp_true, temp_pred)

        # 適合率を計算
        temp_precision = tp / (tp + fp)

        # 適合率に重みをかけ合わせる
        weighted_precision = class_counts[class_] * temp_precision

        # 重み付きの適合率を足し合わせる
        precision += weighted_precision
    # 全サンプル数で割ることで、Weighted precision を返す
    overall_precision = precision / len(y_true)
    return overall_precision
```

私たちの実装が正しいかどうか、scikit-learn と比較して確認してみましょう。

```
In [X]: from sklearn import metrics

In [X]: y_true = [0, 1, 2, 0, 1, 2, 0, 2, 2]

In [X]: y_pred = [0, 2, 1, 0, 2, 1, 0, 0, 2]

In [X]: macro_precision(y_true, y_pred)
Out[X]: 0.3611111111111111

In [X]: metrics.precision_score(y_true, y_pred, average="macro")
Out[X]: 0.3611111111111111

In [X]: micro_precision(y_true, y_pred)
Out[X]: 0.4444444444444444

In [X]: metrics.precision_score(y_true, y_pred, average="micro")
Out[X]: 0.4444444444444444

In [X]: weighted_precision(y_true, y_pred)
Out[X]: 0.39814814814814814

In [X]: metrics.precision_score(y_true, y_pred, average="weighted")
Out[X]: 0.39814814814814814
```

すべて正しく実装できたようです。ここで紹介した実装は、理解しやすさを優先しているので、最も効率的な方法ではないかもしれない点に注意してください。

同様に、**多クラス分類のための再現率**を計算する関数も実装できます。適合率と再現率は真陽性、偽陽性、偽陰性、F1 スコアは適合率と再現率から計算されます。

再現率の実装は読者の演習問題とし、多クラス分類用の F1 スコアの 1 つの例として、Weighted precision をここで実装します。

```
from collections import Counter
import numpy as np


def weighted_f1(y_true, y_pred):
    """
    F1 スコアを計算する関数
    :param y_true: 正解のリスト
    :param y_pred: 予測値のリスト
    :return: F1 スコア
    """
```

```python
# 目的変数の重複していない値の数を調べることで、クラス数を取得
num_classes = len(np.unique(y_true))

# クラスごとのサンプル数の辞書を作成
# 次のような辞書が得られる :
# {0: 20, 1:15, 2:21}
class_counts = Counter(y_true)

# 初期化
f1 = 0

# それぞれのクラスについてのループ
for class_ in range(num_classes):
    # 各ループで対象としているクラスを 1、それ以外を 0 に変換
    temp_true = [1 if p == class_ else 0 for p in y_true]
    temp_pred = [1 if p == class_ else 0 for p in y_pred]

    # 適合率と再現率を計算
    p = precision(temp_true, temp_pred)
    r = recall(temp_true, temp_pred)

    # F1 スコアを計算
    if p + r != 0:
        temp_f1 = 2 * p * r / (p + r)
    else:
        temp_f1 = 0

    # F1 スコアに重みをかけ合わせる
    weighted_f1 = class_counts[class_] * temp_f1

    # 重み付きの F1 スコアを足し合わせる
    f1 += weighted_f1

# 全サンプル数で割ることで、Weighted precision を返す
overall_f1 = f1 / len(y_true)
return overall_f1
```

なお、上記には新しいコードが数行あります。**そのため、コードを注意深く読む必要があります。**

61

```
In [X]: from sklearn import metrics

In [X]: y_true = [0, 1, 2, 0, 1, 2, 0, 2, 2]

In [X]: y_pred = [0, 2, 1, 0, 2, 1, 0, 0, 2]

In [X]: weighted_f1(y_true, y_pred)
Out[X]: 0.41269841269841273

In [X]: metrics.f1_score(y_true, y_pred, average="weighted")
Out[X]: 0.41269841269841273
```

　このようにして、多クラス分類問題に対して適合率、再現率、F1 スコアが利用できます。同様に、AUC と Log loss も多クラス分類の形式に変換できます。 この変換形式は one-vs-all と呼ばれています。 実装は既に説明したものとよく似ているので、ここでは割愛します。

　二値分類や多クラス分類では、**混同行列 (confusion matrix)** を見ることもよくあります。混同行列という文字列を見たからといって、とても簡単なので混乱しないでください。 真陽性、真陰性、偽陽性、偽陰性の表に他なりません。 混同行列を使えば、何個のサンプルが誤分類され、何個のサンプルが正しく分類されたかをすぐに確認できます。 混同行列はこの章でもっと早く紹介すべきと主張する人もいるかもしれませんが、私はそうしないことにしました。 真陽性、真陰性、偽陽性、偽陰性、適合率、再現率、AUC を理解していれば、混同行列を理解して解釈するのはとても簡単だからです。 二値分類問題の混同行列がどのようなものか、図 3.7 で見てみましょう。

　混同行列は、真陽性、真陰性、偽陽性、偽陰性で構成されていると分かります。これらの値は、適合率と再現率、F1 スコア、AUC を計算するのに必要な唯一の値です。 偽陽性を**第一種の過誤 (Type-I error)**、偽陰性を**第二種の過誤 (Type-II error)** と呼ぶこともあります。

	正解	
	Class - 1	Class - 0
Class - 1	TP	FP
Class - 0	FN	TN

図 3.7　二値分類問題の混同行列

二値分類の混同行列は、多クラス分類に拡張できます。 N 個のクラスがある場合は、行列のサイズは NxN になります。 すべてのクラスについて、正解と予測値の対応結果を表にまとめます。 これは、例を挙げるとよく分かります。

次のような正解があるとします。

　　　［0，1，2，0，1，2，0，2，2］

　そして、予測値は

　　　［0，2，1，0，2，1，0，0，2］

だったとすると、図 3.8 のような混同行列になります。

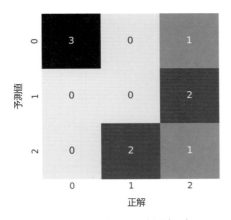

図 3.8　多クラス分類問題の混同行列

図 3.8 は何を意味しているのでしょうか。

クラス 0 を見てみましょう。 正解の中に、クラス 0 に属するサンプルは 3 つあります。 しかしクラス 0 と予測したサンプルは 4 つあり、正解はクラス 0 が 3 つ、クラス 2 が 1 つです。 理想的には、正解がクラス 0 の列において、予測がクラス 1 と 2 の部分の値は 0 になっているはずです。 クラス 2 を見てみましょう。 正解では 4 つのサンプルがありますが、予測しているのは 3 つです。 当たっているのは 1 つだけで、2 つはクラス 1 と予測しています。

完全な混同行列では、対角成分のみに正の値が入っているはずです。

混同行列を見ることで、これまで説明してきたさまざまな指標を簡単に計算できます。 scikit-learn を用いると、簡単かつ直感的に混同行列を生成可能です。 図 3.8 に示した混同行列は、scikit-learn で作成した混同行列を転置しました。 scikit-learn では、次のコードで可視化できます。

```
import matplotlib.pyplot as plt
import seaborn as sns
from sklearn import metrics

# 正解
y_true = [0, 1, 2, 0, 1, 2, 0, 2, 2]

# 予測値
y_pred = [0, 2, 1, 0, 2, 1, 0, 0, 2]

# クラスの初期化
cm = metrics.confusion_matrix(y_true, y_pred)

# matplotlib と seaborn による可視化
plt.figure(figsize=(10, 10))
cmap = sns.cubehelix_palette(50, hue=0.05, rot=0, light=0.9, dark=0,
                             as_cmap=True)
sns.set(font_scale=2.5)
sns.heatmap(cm, annot=True, cmap=cmap, cbar=False)
plt.ylabel('Actual Labels', fontsize=20)
plt.xlabel('Predicted Labels', fontsize=20)
```

　ここまで、二値分類や多クラス分類のための指標を扱ってきました。 次は、**多ラベル分類（multi-label classification）** と呼ばれる別の問題を考えましょう。 多ラベル分類では、各サンプルに 1 つ以上のクラスが関連付けられます。 簡単な例としては、与えられた画像の中の異なる物体を予測する問題があります。

図 3.9　画像内のさまざまな物体[*2]

＊2　https://www.flickr.com/photos/krakluski/2950388100

図 3.9 は、ある有名なデータセットからの画像の例です。 本来は別の目的のためのデータセットですが、ここでは画像の中にある物体が存在するか予測する問題と仮定しましょう。 椅子、植木鉢、窓がありますが、コンピュータ、ベッド、テレビなどはありません。 正解として、1 つの画像に複数の物体が関連付けられている可能性があります。 このような問題を多ラベル分類問題といいます。

この種の分類問題の測定基準は、正解が 1 つしかない二値分類や多クラス分類とは少し異なります。 いくつか、この問題にふさわしい一般的な指標が知られています。

- Precision at k (P@k)
- Average precision at k (AP@k)
- Mean average precision at k (MAP@k)
- Log loss

まず、**Precision at k (P@k)** について説明します。 この Precision を、先ほどの適合率と混同してはいけません。 この指標は、上位 k 個の予測値のうち、実際に正解と合致した割合として定義されます。

Python のコードを見ると分かりやすいかもしれません。

```python
def pk(y_true, y_pred, k):
    """
    単体のサンプルについて Precision at k を計算する関数
    :param y_true: 正解クラスのリスト
    :param y_pred: 予測クラスのリスト
    :param k: k の値
    :return: Precision at k
    """
    # k が 0 の場合は 0 を返す
    if k == 0:
        return 0
    # 予測クラスのリストのうち、上位 k 個のみを利用
    y_pred = y_pred[:k]
    # 予測クラスを set に変換して重複を排除
    pred_set = set(y_pred)
    # 正解クラスを set に変換して重複を排除
    true_set = set(y_true)
    # 共通しているクラス数を計算
    common_values = pred_set.intersection(true_set)
    # k で割った値を返す
    return len(common_values) / len(y_pred[:k])
```

コードがあれば、すべてが理解しやすくなります。

P@k を使って計算する指標として、**Average precision at k (AP@k)** があります。 たと

えば、AP@3 を計算する場合、P@1、P@2、P@3 を計算して、合計を 3 で割ります。
実装を見てみましょう。

```python
def apk(y_true, y_pred, k):
    """
    単体のサンプルについて Average precision at k を計算する関数
    :param y_true: 正解クラスのリスト
    :param y_pred: 予測クラスのリスト
    :param k: k の値
    :return: Average precision at k
    """
    # リストの初期化
    pk_values = []
    # 1 から k+1 までの k についてのループ
    for i in range(1, k + 1):
        # p@i を計算してリストに格納
        pk_values.append(pk(y_true, y_pred, i))

    # リストが空の場合、0 を返す
    if len(pk_values) == 0:
        return 0
    # リストの平均を返す
    return sum(pk_values) / len(pk_values)
```

これら 2 つの関数は、2 つのリストに対する Average precision at k (AP@k) の計算に使用できます。具体例を見てみましょう。

```python
In [X]: y_true = [
   ...:     [1, 2, 3],
   ...:     [0, 2],
   ...:     [1],
   ...:     [2, 3],
   ...:     [1, 0],
   ...:     []
   ...: ]

In [X]: y_pred = [
   ...:     [0, 1, 2],
   ...:     [1],
   ...:     [0, 2, 3],
   ...:     [2, 3, 4, 0],
   ...:     [0, 1, 2],
   ...:     [0]
   ...: ]
```

```
In [X]: for i in range(len(y_true)):
   ...:     for j in range(1, 4):
   ...:         print(
   ...:             f"""
   ...:             y_true={y_true[i]},
   ...:             y_pred={y_pred[i]},
   ...:             AP@{j}={apk(y_true[i], y_pred[i], k=j)}
   ...:             """
   ...:         )
   ...:

            y_true=[1, 2, 3],
            y_pred=[0, 1, 2],
            AP@1=0.0


            y_true=[1, 2, 3],
            y_pred=[0, 1, 2],
            AP@2=0.25


            y_true=[1, 2, 3],
            y_pred=[0, 1, 2],
            AP@3=0.38888888888888884
            .
            .
```

　出力の多くの値を省略していますが、要点は押さえています。 このようにして、サンプルごとの AP@k を算出できます。 機械学習ではすべてのサンプルに興味があるので、**Mean average precision at k (MAP@k)** という指標もあります。 MAP@k は AP@k の平均値で、次の Python コードで簡単に計算できます。

```
def mapk(y_true, y_pred, k):
    """
    Mean average precision at kを計算する関数
    :param y_true: 正解クラスのリスト
    :param y_pred: 予測クラスのリスト
    :param k: kの値
    :return: Mean average precision at k
    """
    # リストの初期化
    apk_values = []
    # それぞれのサンプルについてのループ
    for i in range(len(y_true)):
```

```
        # apk を計算してリストに格納
        apk_values.append(
            apk(y_true[i], y_pred[i], k=k)
        )
    # リストの平均を返す
    return sum(apk_values) / len(apk_values)
```

　ここで先の例と同じリストに対して、k=1、2、3、4 の MAP@k を計算してみましょう。

```
In [X]: y_true = [
    ...:      [1, 2, 3],
    ...:      [0, 2],
    ...:      [1],
    ...:      [2, 3],
    ...:      [1, 0],
    ...:      []
    ...: ]

In [X]: y_pred = [
    ...:      [0, 1, 2],
    ...:      [1],
    ...:      [0, 2, 3],
    ...:      [2, 3, 4, 0],
    ...:      [0, 1, 2],
    ...:      [0]
    ...: ]

In [X]: mapk(y_true, y_pred, k=1)
Out[X]: 0.3333333333333333

In [X]: mapk(y_true, y_pred, k=2)
Out[X]: 0.375

In [X]: mapk(y_true, y_pred, k=3)
Out[X]: 0.3611111111111111

In [X]: mapk(y_true, y_pred, k=4)
Out[X]: 0.34722222222222215
```

　P@k、AP@k、MAP@k はいずれも、0 から 1 の値を取り、1 が最適です。 なお、P@k と AP@k の異なる実装を目にすることがあります。 たとえば、これらの実装の一例を見てみましょう。

```python
import numpy as np

def apk(actual, predicted, k=10):
    """
    Average precision at k を計算する関数
    Parameters
    ----------
    actual : list
            正解クラスのリスト（順序に意味なし）
    predicted : list
            予測クラスのリスト（順序に意味あり）
    k : int, 任意
            k の値
    Returns
    -------
    score : double
            Average precision at k
    """
    if len(predicted)>k:
        predicted = predicted[:k]

    score = 0.0
    num_hits = 0.0

    for i,p in enumerate(predicted):
        if p in actual and p not in predicted[:i]:
            num_hits += 1.0
            score += num_hits / (i+1.0)

    if not actual:
        return 0.0

    return score / min(len(actual), k)
```

参照：https://github.com/benhamner/Metrics/blob/master/Python/ml_metrics/average_precision.py
コメントは訳者が日本語に置き換えた。

　この実装は AP@k の別バージョンで、順序に基づいて重み付けしたスコアを計算していま
す。私の実装とは若干異なる結果が得られるはずです。

　多ラベル分類のための Log loss についても説明します。これは非常に簡単です。目的変
数を各クラスについての二値分類の形式に変換して、各列の Log loss を使えば良いです。最
終的には各列の Log loss の平均を取ることができ、mean column-wise log loss とも呼ば
れます。もちろん、実装方法は他にもあるので、必要になった際に調べてみてください。

　ここまでで、二値分類、多クラス分類、多ラベル分離の指標をすべて把握したといえる段
階になりました。次は回帰の指標に移りましょう。

回帰で最も一般的な指標は誤差です。**誤差（error）**は素朴で、非常に理解しやすい指標です。

$$誤差 = 正解 - 予測値$$

絶対誤差（absolute error）は、単に誤差の絶対値を取ったものです。

$$絶対誤差 = 絶対値（正解 - 予測値）$$

次に、**平均絶対誤差（mean absolute error、MAE）**があります。すべてのサンプルに対する絶対誤差の平均値です。

```python
import numpy as np


def mean_absolute_error(y_true, y_pred):
    """
    平均絶対誤差を計算する関数
    :param y_true: 正解のリスト
    :param y_pred: 予測値のリスト
    :return: 平均絶対誤差
    """
    # 初期化
    error = 0
    # それぞれのサンプルについてのループ
    for yt, yp in zip(y_true, y_pred):
        # 絶対誤差を計算し、足し合わせる
        error += np.abs(yt - yp)
    # 平均を返す
    return error / len(y_true)
```

同様に、二乗誤差と**平均二乗誤差（mean squared error、MSE）**があります。

$$二乗誤差 = （正解 - 予測値）^2$$

平均二乗誤差（MSE）は次のように実装できます。

```python
def mean_squared_error(y_true, y_pred):
    """
    平均二乗誤差を計算する関数
    :param y_true: 正解のリスト
    :param y_pred: 予測値のリスト
    :return: 平均二乗誤差
    """
    # 初期化
    error = 0
    # それぞれのサンプルについてのループ
    for yt, yp in zip(y_true, y_pred):
        # 二乗誤差を計算し、足し合わせる
        error += (yt - yp) ** 2
    # 平均を返す
    return error / len(y_true)
```

平均二乗誤差と**平均平方二乗誤差（root mean squared error、RMSE）**は、回帰モデルの評価に用いられる最も一般的な指標です。

平均平方二乗誤差 = SQRT(平均二乗誤差)

二乗対数誤差（squared logarithmic error、SLE）という誤差もあります。この誤差の全サンプルの平均を取ると**平均二乗対数誤差（mean squared logarithmic error、MSLE）**と呼ばれ、次のように実装されます。

```python
import numpy as np


def mean_squared_log_error(y_true, y_pred):
    """
    平均二乗対数誤差を計算する関数
    :param y_true: 正解のリスト
    :param y_pred: 予測値のリスト
    :return: 平均二乗対数誤差
    """
    # 初期化
    error = 0
    # それぞれのサンプルについてのループ
    for yt, yp in zip(y_true, y_pred):
        # 二乗対数誤差を計算し、足し合わせる
        error += (np.log(1 + yt) - np.log(1 + yp)) ** 2
    # 平均を返す
    return error / len(y_true)
```

平方根を取ると、**平均平方二乗対数誤差（root mean squared logarithmic error）**になります。**RMSLE**とも呼ばれています。

パーセンテージ誤差も存在します。

$$パーセンテージ誤差 = ((正解 - 予測値) / 正解) * 100$$

これまでの誤差と同様に、すべてのサンプルに対する平均を計算できます。

```python
def mean_percentage_error(y_true, y_pred):
    """
    平均パーセンテージ誤差を計算する関数
    :param y_true: 正解のリスト
    :param y_pred: 予測値のリスト
    :return: 平均パーセンテージ誤差
    """
    # 初期化
    error = 0

    # それぞれのサンプルについてのループ
    for yt, yp in zip(y_true, y_pred):
        # パーセンテージ誤差を計算し、足し合わせる
        error += (yt - yp) / yt

    # 平均を返す
    return error / len(y_true)
```

絶対値を取ってより一般的にした誤差は、**平均絶対パーセンテージ誤差（mean absolute percentage error、MAPE）**と呼ばれています。

```python
import numpy as np


def mean_abs_percentage_error(y_true, y_pred):
    """
    平均絶対パーセンテージ誤差を計算する関数
    :param y_true: 正解のリスト
    :param y_pred: 予測値のリスト
    :return: 平均絶対パーセンテージ誤差
    """
    # 初期化
    error = 0
    # それぞれのサンプルについてのループ
    for yt, yp in zip(y_true, y_pred):
```

```
        # 平均絶対パーセンテージ誤差を計算し、足し合わせる
        error += np.abs(yt - yp) / yt
    # 平均を返す
    return error / len(y_true)
```

　回帰の最も良い点は、ほとんどすべての回帰問題に適用できる一般的な指標が数えるほど
しかないことです。 分類の指標と比べ、理解しやすくなっています。

　もう1つ、回帰の指標である**決定係数（R^2、R-squared、coefficient of determination）**
を紹介します。

　簡単に言うと、決定係数はモデルがデータにどれだけ当てはまっているかを表しています。
1.0 に近いほどモデルが適合していることを意味し、0 に近い場合はモデルがそれほど良くな
いことを意味します。 無茶苦茶な予測をしている場合は、0 未満の値になることもあります。

　決定係数の公式を以下に示します。 これまでとおり、Python で実装することで、より明
確に理解していきましょう。

決定係数の公式

$$R^2 = 1 - \frac{\sum_{i=1}^{N}(y_{t_i} - y_{p_i})^2}{\sum_{i=1}^{N}(y_{t_i} - y_{t_{mean}})^2}$$

```python
import numpy as np


def r2(y_true, y_pred):
    """
    決定係数を計算する関数
    :param y_true: 正解のリスト
    :param y_pred: 予測値のリスト
    :return: 決定係数
    """

    # 正解の平均を計算
    mean_true_value = np.mean(y_true)

    # 0 で初期化
    numerator = 0
    # 0 で初期化
    denominator = 0

    # それぞれのサンプルについてのループ
    for yt, yp in zip(y_true, y_pred):
```

```
        # 更新
        numerator += (yt - yp) ** 2
        # 更新
        denominator += (yt - mean_true_value) ** 2
    # 割合を計算
    ratio = numerator / denominator
    # 1 との差分を返す
    return 1 - ratio
```

　この他にも評価指標はたくさんあり、挙げればきりがありません。 さまざまな評価指標についてだけ書かれた本を書くことも可能ですし、もしかしたらそうするかもしれません。 ここまで紹介した評価指標で、あなたが挑戦したいほとんどすべての問題にこと足りることでしょう。 評価指標は最も簡単に理解できるような方法で実装したので、十分に効率的ではないことに注意してください。 numpy を適切に使うことで、ほとんどは非常に効率的な方法で実装できます。 たとえば、ループを使わない平均絶対誤差の実装を見てみましょう。

```
import numpy as np

def mae_np(y_true, y_pred):
    return np.mean(np.abs(y_true - y_pred))
```

　この方法ですべての指標を実装することもできましたが、勉強のためには高級なライブラリを使わない実装を見るのが良いでしょう。 一度 Python で numpy を多用しない実装を学べば、numpy に変換してより高速にするのも簡単です。
　もっと高度な指標もあるので、紹介しておきます。
　その中でも特に広く使われているのが、**重み付きカッパ係数（Quadratic weighted kappa、QWK）**です。 **Cohen's kappa** と呼ぶこともあります。 QWK は、2 つの「評価」の間の「一致度」を測定します。 評価は 0 〜 N の任意の実数で、予測値も同じ範囲です。 一致度とは評価が互いにどれだけ近いかと定義でき、N 個の異なるクラスを持つ分類問題に適しています。 一致度が高い場合、スコアは 1.0 に近づきます。scikit-learn で実装されており、詳細な議論は本書の範囲外です。

```
In [X]: from sklearn import metrics

In [X]: y_true = [1, 2, 3, 1, 2, 3, 1, 2, 3]

In [X]: y_pred = [2, 1, 3, 1, 2, 3, 3, 1, 2]

In [X]: metrics.cohen_kappa_score(y_true, y_pred, weights="quadratic")
```

```
Out[X]: 0.33333333333333337

In [X]: metrics.accuracy_score(y_true, y_pred)
Out[X]: 0.4444444444444444
```

　精度が高くても、QWK が低いことが分かります。一般に QWK が 0.85 以上であれば、非常に優れていると考えられます。

　重要な指標として、**マシューズ相関係数（Matthews Correlation Coefficient、MCC）**があります。MCC の範囲は -1 から 1 で、1 は完全な予測、-1 は不完全な予測、0 はランダムな予測です。MCC の計算式はとても簡単です。

$$MCC = \frac{TP * TN - FP * FN}{[\,(TP + FP) * (FN + TN) * (FP + TN) * (TP + FN)\,]^{0.5}}$$

　MCC は真陽性、真陰性、偽陽性、偽陰性を考慮するので、目的変数に偏りがある問題に使用できます。実装済みの関数を使えば、Python ですぐに実装できます。

```python
def mcc(y_true, y_pred):
    """
    二値分類のためのマシューズ相関係数を計算する関数
    :param y_true: 正解のリスト
    :param y_pred: 予測値のリスト
    :return: マシューズ相関係数
    """
    tp = true_positive(y_true, y_pred)
    tn = true_negative(y_true, y_pred)
    fp = false_positive(y_true, y_pred)
    fn = false_negative(y_true, y_pred)

    numerator = (tp * tn) - (fp * fn)

    denominator = (
        (tp + fp) *
        (fn + tn) *
        (fp + tn) *
        (tp + fn)
    )

    denominator = denominator ** 0.5

    return numerator/denominator
```

　これらが、あなたが最初に学ぶべき評価指標で、ほとんどすべての機械学習の問題に適用できます。

　注意すべきは、たとえばクラスタリングのような教師なしの手法を評価するには、モデルの作成時には利用しない評価用データセットを用意しておくべきという点です。クラスタリングが終わった後、教師あり学習の指標を使って評価用データセットに対する性能を評価できます。

　本章では、ある問題に対してどのような指標を使うべきか理解し、モデルをより深く掘り下げて改善していくことが可能になりました。

第4章

機械学習プロジェクトの構築

　ようやく、最初の機械学習モデルの構築に着手できる段階になりました。

　始める前に、いくつか気をつけなければならないことがあります。 今回は Jupyter Notebook ではなく、IDE ／テキストエディタで作業することを覚えておいてください。 Jupyter Notebook でも作業できますし、完全にあなた次第です。 ただし私は、データの探索や図の可視化などの目的にしか Jupyter Notebook は使いません。 ほとんどの問題では、大枠のコードを使い回すことができます。 あまり変更を加えずにモデルを学習でき、改良する際にも git [*1] を使って追跡できます。

　まず、ファイルの構造を見てみましょう。 最初に、新しいディレクトリを作成します。 この例では、プロジェクトを「**project**」と名付けました。

　プロジェクトディレクトリ内は、次のようになっているはずです。

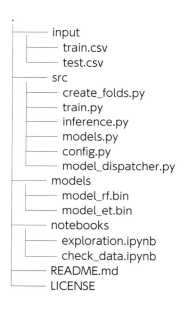

```
.
├── input
│   ├── train.csv
│   └── test.csv
├── src
│   ├── create_folds.py
│   ├── train.py
│   ├── inference.py
│   ├── models.py
│   ├── config.py
│   └── model_dispatcher.py
├── models
│   ├── model_rf.bin
│   └── model_et.bin
├── notebooks
│   ├── exploration.ipynb
│   └── check_data.ipynb
├── README.md
└── LICENSE
```

ディレクトリやファイルがどのようなものか見てみましょう。

input/ :

　このディレクトリには、機械学習プロジェクトのすべての入力ファイルとデータが入っています。 自然言語処理のプロジェクトの場合は、事前学習済みの分散表現モデルなどを置いておくことも可能です。 画像を扱うプロジェクトの場合、すべての画像はこのディレクトリ内のサブディレクトリに入ります。

＊ 1　https://git-scm.com/

src/：
    プロジェクトに関連するすべての Python スクリプトを保管します。 以降、拡張子が py のファイルについては、すべて **src** ディレクトリに格納されます。
models/：
    このディレクトリには、学習したモデルがすべて保存されています。
notebooks/：
    すべての Jupyter Notebook（*.ipynb ファイル）は、**notebooks** ディレクトリに格納されます。
README.md：
    プロジェクトを説明するマークダウンファイルです。 モデルの学習方法や、本番環境へのデプロイ方法についての指示を書くことができます。
LICENSE：
    プロジェクトのライセンス（MIT、Apache など）を記載した簡素なテキストファイルです。 ライセンスの詳細については、本書では説明しません。

　ここでは、MNIST データセット（ほとんどの機械学習の本で使われているデータセット）を分類するモデルを構築します。 交差検証の章でも MNIST データセットに触れたので、データセットの中身についての説明は割愛します。 さまざまな形式がありますが、ここでは CSV 形式を使用します。

　この形式のデータセットでは、CSV ファイルの各行は画像の目的変数と、0 から 255 までの 784 個の画素値で構成されています。 同一の形式で、60000 枚分の画像を含みます。

　pandas を使えば、このデータセットを簡単に読み込めます。

　なお、図 4.1 ではすべての画素値がゼロになっていますが、実際にはそうではありません。

	label	1x1	1x2	1x3	1x4	1x5	1x6	1x7	1x8	1x9	…	28x19	28x20	28x21	28x22	28x23	28x24	28x25	28x26	28x27
0	5	0	0	0	0	0	0	0	0	0	…	0	0	0	0	0	0	0	0	0
1	0	0	0	0	0	0	0	0	0	0	…	0	0	0	0	0	0	0	0	0
2	4	0	0	0	0	0	0	0	0	0	…	0	0	0	0	0	0	0	0	0
3	1	0	0	0	0	0	0	0	0	0	…	0	0	0	0	0	0	0	0	0
4	9	0	0	0	0	0	0	0	0	0	…	0	0	0	0	0	0	0	0	0

図 4.1　CSV 形式の MNIST データセット

このデータセットの label 列の分布を見てみましょう。

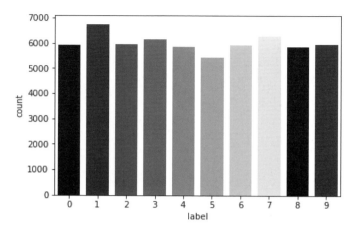

図 4.2　MNIST データセットにおける目的変数の分布

このデータセットでは、これ以上の探索は必要ありません。 何があるかは既に分かっていますし、異なる画素値を可視化する必要もありません。 図 4.2 を見ると、目的変数の分布は非常に均一であると分かります。 したがって、正答率や F1 スコアを指標として使うことができます。 指標を決めるのは、機械学習の問題に取り組む際の最初の手順です。

さて、いよいよコードを書いていきましょう。 **src/** ディレクトリ内に、Python スクリプトを作成する必要があります。

学習用 CSV ファイルは、**input/** ディレクトリ内に **mnist_train.csv** という名前で配置します。

このようなプロジェクトでは、どんなファイルが必要でしょうか。

最初に作るスクリプトは、**create_folds.py** です。 実行すると、**input/** ディレクトリに **mnist_train_folds.csv** という新しいファイルが作成されます。 mnist_train.csv との違いは、CSV ファイルがシャッフルされ、kfold という新しい列を持っていることです。

使用する評価指標を決め、分割方法を定義したら、基本的なモデルを作成できます。 **train.py** というファイルに、次のように記述します。

src/train.py

```python
import joblib
import pandas as pd
from sklearn import metrics
from sklearn import tree


def run(fold):
    # 学習用データセットの読み込み
    df = pd.read_csv("../input/mnist_train_folds.csv")

    # 引数の fold 番号と一致しないデータを学習に利用
    # 合わせて index をリセット
    df_train = df[df.kfold != fold].reset_index(drop=True)

    # 引数の fold 番号と一致するデータを検証に利用
    df_valid = df[df.kfold == fold].reset_index(drop=True)

    # 目的変数の列を削除し、.values を用いて numpy 配列に変換
    # 目的変数の列は y_train として利用
    x_train = df_train.drop("label", axis=1).values
    y_train = df_train.label.values

    # 検証用も同様に処理
    x_valid = df_valid.drop("label", axis=1).values
    y_valid = df_valid.label.values

    # scikit-learn の決定木のクラスの初期化
    clf = tree.DecisionTreeClassifier()

    # モデルの学習
    clf.fit(x_train, y_train)

    # 検証用データセットに対する予測
    preds = clf.predict(x_valid)

    # 正答率を計算し表示
    accuracy = metrics.accuracy_score(y_valid, preds)
    print(f"Fold={fold}, Accuracy={accuracy}")

    # モデルを保存
    joblib.dump(clf, f"../models/dt_{fold}.bin")


if __name__ == "__main__":
    run(fold=0)
    run(fold=1)
    run(fold=2)
    run(fold=3)
```

```
    run(fold=4)
```

コンソールで python train.py と実行することで、学習します。

```
❭ python train.py
Fold=0, Accuracy=0.8680833333333333
Fold=1, Accuracy=0.8685
Fold=2, Accuracy=0.8674166666666666
Fold=3, Accuracy=0.8703333333333333
Fold=4, Accuracy=0.8699166666666667
```

　コードを見てみると、いくつかの設定に関する値が直接記述されています。たとえば、分割の番号、学習用ファイル名、出力ディレクトリ名などです。
　これらの情報をすべて含んだ設定ファイル、**config.py** を作成します。

config.py

```
TRAINING_FILE = "../input/mnist_train_folds.csv"

MODEL_OUTPUT = "../models/"
```

　学習用のスクリプトにもいくつかの変更を加えています。設定ファイルを利用することで、データやモデルの出力を簡単に変更できるようになりました。

train.py

```
import os

import config

import joblib
import pandas as pd
from sklearn import metrics
from sklearn import tree


def run(fold):
    # 学習用データセットの読み込み
    df = pd.read_csv(config.TRAINING_FILE)

    # 引数の fold 番号と一致しないデータを学習に利用
```

第 0 章
第 1 章
第 2 章
第 3 章
第 4 章
第 5 章
第 6 章
第 7 章
第 8 章
第 9 章
第 10 章
第 11 章
第 12 章

```python
    # 合わせて index をリセット
    df_train = df[df.kfold != fold].reset_index(drop=True)

    # 引数の fold 番号と一致するデータを検証に利用
    df_valid = df[df.kfold == fold].reset_index(drop=True)

    # 目的変数の列を削除し、.values を用いて numpy 配列に変換
    # 目的変数の列は y_train として利用
    x_train = df_train.drop("label", axis=1).values
    y_train = df_train.label.values

    # 検証用も同様に処理
    x_valid = df_valid.drop("label", axis=1).values
    y_valid = df_valid.label.values

    # scikit-learn の決定木のクラスの初期化
    clf = tree.DecisionTreeClassifier()

    # モデルの学習
    clf.fit(x_train, y_train)

    # 検証用データセットに対する予測
    preds = clf.predict(x_valid)

    # 正答率を計算し表示
    accuracy = metrics.accuracy_score(y_valid, preds)
    print(f"Fold={fold}, Accuracy={accuracy}")

    # モデルを保存
    joblib.dump(
        clf,
        os.path.join(config.MODEL_OUTPUT, f"dt_{fold}.bin")
    )


if __name__ == "__main__":
    run(fold=0)
    run(fold=1)
    run(fold=2)
    run(fold=3)
    run(fold=4)
```

　どこが変わっているかは、両者を見比べて違いを見つけてみてください。 あまり多くはありません。

　学習用スクリプトには、もう **1つ** 改善すべき点があります。 現在はすべての分割で run 関数を複数回呼んでいます。 同じスクリプトで複数の fold を実行すると、メモリの消費量が増え続け、プログラムが停止してしまう可能性があるため、お勧めできない場合がありま

す。 この問題を解決するために、学習用スクリプトに引数を渡すという手があります。 私は argparse を使っています。

train.py

```
import argparse
.
.
.

if __name__ == "__main__":
    # argparse の ArgumentParser クラスの初期化
    parser = argparse.ArgumentParser()

    # 引数と型を追加
    # ここでは fold 番号のみを追加
    parser.add_argument(
        "--fold",
        type=int
    )
    # コマンドライン引数の読み込み
    args = parser.parse_args()

    # 引数で指定した fold 番号について実行
    run(fold=args.fold)
```

これで、Python スクリプトを再度実行できます。 指定された fold 番号についてのみ実行します。

```
❯ python train.py --fold 0
Fold=0, Accuracy=0.8656666666666667
```

よく見ると、以前とスコアが少し違います。 モデルにランダム性があるためです。 ランダム性の取り扱いについては、後の章で説明します。

必要であれば次のように、分割ごとに異なるコマンドでシェルスクリプトに列挙し、まとめて実行することもできます。

run.sh

```
#!/bin/sh

python train.py --fold 0
python train.py --fold 1
python train.py --fold 2
python train.py --fold 3
python train.py --fold 4
```

次のコマンドで実行します。

```
❯ sh run.sh
Fold=0, Accuracy=0.8675
Fold=1, Accuracy=0.8693333333333333
Fold=2, Accuracy=0.8683333333333333
Fold=3, Accuracy=0.8704166666666666
Fold=4, Accuracy=0.8685
```

かなりの改善を重ねていますが、学習用スクリプトにはまだまだ、いくつかの点で制限があります。たとえばモデル名は学習用スクリプトに直接記述されており、モデルを変更するにはスクリプトを修正するしかありません。そこで、**model_dispatcher.py** という新しいPython スクリプトを作成します。**model_dispatcher.py** はその名のとおり、学習用スクリプトにモデルを割り当てる役割を持ちます。

model_dispatcher.py

```
from sklearn import tree


models = {
    "decision_tree_gini": tree.DecisionTreeClassifier(
        criterion="gini"
    ),
    "decision_tree_entropy": tree.DecisionTreeClassifier(
        criterion="entropy"
    ),
}
```

　　model_dispatcher.py では、scikit-learn から決定木モデルを読み込み、名前とモデルからなる辞書を定義しています。 ここでは、それぞれジニ係数（gini）とエントロピー（entropy）を基準とする 2 種類の決定木を定義しました。 **model_dispatcher.py** を使用するためには、学習用スクリプトにいくつかの変更を加える必要があります。

train.py

```python
import argparse
import os

import joblib
import pandas as pd
from sklearn import metrics

import config
import model_dispatcher


def run(fold, model):
    # 学習用データセットの読み込み
    df = pd.read_csv(config.TRAINING_FILE)

    # 引数の fold 番号と一致しないデータを学習に利用
    # 合わせて index をリセット
    df_train = df[df.kfold != fold].reset_index(drop=True)

    # 引数の fold 番号と一致するデータを検証に利用
    df_valid = df[df.kfold == fold].reset_index(drop=True)

    # 目的変数の列を削除し、.values を用いて numpy 配列に変換
    # 目的変数の列は y_train として利用
    x_train = df_train.drop("label", axis=1).values
    y_train = df_train.label.values

    # 検証用も同様に処理
    x_valid = df_valid.drop("label", axis=1).values
    y_valid = df_valid.label.values

    # model_dispatcher からモデルを取り出す
    clf = model_dispatcher.models[model]

    # モデルの学習
    clf.fit(x_train, y_train)

    # 検証用データセットに対する予測
    preds = clf.predict(x_valid)
```

```python
        # 正答率を計算し表示
        accuracy = metrics.accuracy_score(y_valid, preds)
        print(f"Fold={fold}, Accuracy={accuracy}")

        # モデルを保存
        joblib.dump(
            clf,
            os.path.join(config.MODEL_OUTPUT, f"dt_{fold}.bin")
        )


if __name__ == "__main__":
    parser = argparse.ArgumentParser()

    parser.add_argument(
        "--fold",
        type=int
    )
    parser.add_argument(
        "--model",
        type=str
    )

    args = parser.parse_args()

    run(
        fold=args.fold,
        model=args.model
    )
```

train.py にはいくつかの大きな変更点があります。

- model_dispatcher の読み込み
- ArgumentParser に --model 引数を追加
- run() 関数に model 引数を追加
- dispatcher を使用して、指定されたモデルを取り出す

それでは、次のコマンドでスクリプトを実行してみましょう。

```
❯ python train.py --fold 0 --model decision_tree_gini
Fold=0, Accuracy=0.8665833333333334
```

次のコマンドでは、モデルを切り替えています。

```
> python train.py --fold 0 --model decision_tree_entropy
Fold=0, Accuracy=0.8705833333333334
```

新しいモデルを追加する場合は、**model_dispatcher.py** に変更を加えるだけで済みます。ランダムフォレストを追加して、正答率がどうなるか試してみましょう。

model_dispatcher.py

```
from sklearn import ensemble
from sklearn import tree


models = {
    "decision_tree_gini": tree.DecisionTreeClassifier(
        criterion="gini"
    ),
    "decision_tree_entropy": tree.DecisionTreeClassifier(
        criterion="entropy"
    ),
    "rf": ensemble.RandomForestClassifier(),
}
```

このコードを実行してみましょう。

```
> python train.py --fold 0 --model rf
Fold=0, Accuracy=0.9670833333333333
```

たった1つの変更で、これほどまでにスコアが向上します。 **run.sh** スクリプトを使って、5つの分割で学習を実行してみましょう。

run.sh

```sh
#!/bin/sh

python train.py --fold 0 --model rf
python train.py --fold 1 --model rf
python train.py --fold 2 --model rf
python train.py --fold 3 --model rf
python train.py --fold 4 --model rf
```

そして、スコアは次のようになります。

```
❯ sh run.sh
Fold=0, Accuracy=0.9674166666666667
Fold=1, Accuracy=0.9698333333333333
Fold=2, Accuracy=0.96575
Fold=3, Accuracy=0.9684166666666667
Fold=4, Accuracy=0.9666666666666667
```

　MNIST は、既に多くの本やブログで取り扱われている問題です。 私はこの問題をもっと楽しいものに変えて、あなたが関わるほとんどすべての機械学習プロジェクトのための基本的なプロジェクト構成を紹介しました。 この MNIST 分類モデルやプロジェクト構成を改良する方法はたくさんありますが、今後の章で説明します。

　本章では、**model_dispatcher.py** や **config.py** などのスクリプトを使用し、学習用スクリプトで読み込みました。 読み込み（import）時には∗を使うべきではないことに注意してください[2]。 **もし∗を使っていたら、モデルの辞書がどこから来たのか分からなくなっていたでしょう。** 理解しやすいコードを書くことは、データサイエンティストにとって必要不可欠な資質ですが、多くのデータサイエンティストは見落としがちです。 他人が自分に相談しなくても理解して使えるようにしておけば、お互いの時間が節約でき、プロジェクトの改善や新しいプロジェクトに挑戦できます。

---

[2]　たとえば「from config import ∗」とすると、config ファイル内のさまざまな要素を読み込めます。

第 **5** 章

質的変数への
アプローチ

多くの人が質的変数（categorical variables）の取り扱いに苦慮しているため、1 章を割いて説明します。 この章では、さまざまな種類のカテゴリと、質的変数の問題への取り組み方を説明します。

質的変数とは何でしょうか。

質的変数／特徴量は、大きく 2 つに分類されます。

　　・名義変数
　　・順序変数

名義変数（nominal variables）とは、順序関係が付随しない 2 つ以上のカテゴリを持つ変数のことです。 たとえば、性別が男性と女性の 2 つのグループに分類される場合、名目変数と考えられます。

一方で**順序変数（ordinal variables）**は、特定の順序に関連付けられたカテゴリである「レベル」を持っています。 たとえば、低・中・高の 3 つの異なるレベルを持つ特徴量は順序変数です。 順序は重要な意味を持ちます。

定義に関しては、2 つのカテゴリしかない**二値（binary）変数**を質的変数の 1 つとみなすこともできます。 さらに質的変数には**周期性（cyclic）**を持つ種類があると考える場合もあります。 たとえば、曜日には日曜、月曜、火曜、水曜、木曜、金曜、土曜という種類があり、土曜が終わると日曜が訪れます。 これが周期性です。 1 日の中の時刻についても、質的変数として考えた際には周期性を持ちます。

質的変数にはさまざまな定義があり、種類によって取り扱いが異なるという話も多いです。 しかし、私はその必要性を感じていません。 質的変数の問題には、すべて同じ方法で対処できます。

処理方法を学ぶために（いつものように）データセットが必要です。 質的変数を理解するのに最適な無料データセットの 1 つに、Kaggle の「Categorical Features Encoding Challenge II」のデータセットがあります。「Categorical Features Encoding Challenge」は過去に 2 度開催されていますが、変数が多く 1 回目よりも難易度が高い 2 回目のデータセットを使用します。 それでは、データセットを見てみましょう。

bin_0	bin_1	nom_0	nom_1	ord_0	ord_1	day	month	target
NaN	0.0	Green	Polygon	3.0	Novice	6.0	8.0	0
0.0	0.0	Red	Square	1.0	Expert	7.0	1.0	0
0.0	0.0	Blue	Trapezoid	1.0	Expert	5.0	8.0	0
0.0	0.0	Green	Circle	1.0	Contributor	3.0	6.0	0
0.0	0.0	Blue	Circle	1.0	Expert	2.0	4.0	0
...	...	...	...	...	...	...	...	...
0.0	0.0	Red	Triangle	2.0	Expert	3.0	11.0	1
0.0	1.0	Blue	Circle	3.0	Novice	4.0	5.0	0
0.0	0.0	Red	Polygon	3.0	Grandmaster	1.0	8.0	0
1.0	1.0	Blue	Trapezoid	2.0	Novice	7.0	5.0	0
0.0	1.0	Red	Circle	1.0	Novice	2.0	11.0	0

図 5.1 「Categorical Features Encoding Challenge II」のデータセットの一部の表示[*1]

データセットは、あらゆる種類の質的変数で構成されています。

- 名義変数
- 順序変数
- 周期性を持つ変数
- 二値変数

図 5.1 では、存在するすべての変数のサブセットと、目的変数のみが表示されています。これは、二値の分類問題です。

質的変数の処理方法を学ぶに当たって、目的変数はあまり重要ではありませんが、最終的にはモデルを構築することになるので、分布を見てみましょう（図 5.2）。目的変数の分布には**偏り**があるので、この二値分類問題に最適な指標は AUC になります。適合率と再現率も使用できますが、AUC はこれら 2 つの指標を組み合わせたものです。したがって、このデータセットで構築したモデルの評価には AUC を使用します。

＊1 https://www.kaggle.com/c/cat-in-the-dat-ii

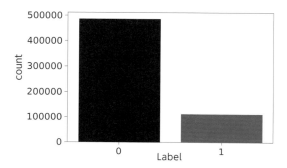

図 5.2　目的変数の分布。X 軸はラベル、Y 軸はサンプル数を示す

データセットに含まれる列の情報を次に示します。

- ・5 つの二値変数
- ・10 つの名義変数
- ・6 つの順序変数
- ・2 つの周期性を持つ変数
- ・目的変数

データセットの ord_2 列を見てみましょう。6 つの異なるカテゴリで構成されています。

- ・Freezing
- ・Warm
- ・Cold
- ・Boiling Hot
- ・Hot
- ・Lava Hot

コンピュータは文字列をそのまま処理できないので、数字に変換する必要があります。簡単な方法は、N 個のカテゴリの値を 0 から N-1 までの数字に置き換えることです。

```python
mapping = {
    "Freezing": 0,
    "Warm": 1,
    "Cold": 2,
    "Boiling Hot": 3,
    "Hot": 4,
    "Lava Hot": 5
}
```

この辞書を用いて、データセットを読み込んだ後、カテゴリを簡単に数字に変換できます。

```
import pandas as pd

df = pd.read_csv("../input/cat_train.csv")

df.loc[:, "ord_2"] = df.ord_2.map(mapping)
```

置き換える前の値を数えてみましょう。

```
In [X]: df.ord_2.value_counts()
Out[X]:
Freezing       142726
Warm           124239
Cold            97822
Boiling Hot     84790
Hot             67508
Lava Hot        64840
Name: ord_2, dtype: int64
```

置き換えた後の結果は次のとおりです。

```
0.0    142726
1.0    124239
2.0     97822
3.0     84790
4.0     67508
5.0     64840
Name: ord_2, dtype: int64
```

このような質的変数の処理は**ラベルエンコーディング（Label Encoding）**と呼ばれています。つまり、すべてのカテゴリを数値に置換しているのです。scikit-learn の LabelEncoder を使っても実装できます。

```
import pandas as pd
from sklearn import preprocessing

# データセットの読み込み
df = pd.read_csv("../input/cat_train.csv")
```

第0章
第1章
第2章
第3章
第4章
第5章
第6章
第7章
第8章
第9章
第10章
第11章
第12章

```
# 欠損値を「NONE」という文字列で補完
df.loc[:, "ord_2"] = df.ord_2.fillna("NONE")

# 初期化
lbl_enc = preprocessing.LabelEncoder()

# 値を変換
# 注意：場合によっては、学習した lbl_enc を保存した後に変換する方が望ましい
df.loc[:, "ord_2"] = lbl_enc.fit_transform(df.ord_2.values)
```

　このコードでは、pandas の fillna を使っています。 scikit-learn の LabelEncoder では、ord_2 列に含まれる欠損値を扱えないことが理由です。

　ラベルエンコーディングした列は、多くの決定木系のモデルで直接使用できます。

- ・決定木
- ・ランダムフォレスト
- ・エクストラツリー
- ・勾配ブースティング決定木
  - – XGBoost
  - – GBM
  - – LightGBM

　線形モデルやサポートベクターマシン（SVM）、ニューラルネットワークは、データが正規化（または標準化）されていることを前提としているため、ラベルエンコーディングした列を直接使用できません。 このようなモデルを使う場合、データを二値化することで対応できます。

```
Freezing    --> 0 --> 0 0 0
Warm        --> 1 --> 0 0 1
Cold        --> 2 --> 0 1 0
Boiling Hot --> 3 --> 0 1 1
Hot         --> 4 --> 1 0 0
Lava Hot    --> 5 --> 1 0 1
```

　カテゴリを数字に変換した後、2進数表現に変換しているだけです。 1つの特徴量が3つの列に分割されます。 もしカテゴリの数が多ければ、もっと多くの列に分割することになるかもしれません。

　このような**二値化された変数（binarized variables）**を大量に保存する際には、疎な形式を用いると良いでしょう。 **疎な形式（a sparse format）**とは、すべての値ではなく、重要な値だけをメモリに格納する表現や格納方法のことです。 先ほどの二値変数の場合、重要な

のは 1 がある部分です。

このような形式を想像するのは難しいですが、例を挙げれば一目瞭然でしょう。

上のデータフレームの中で、ord_2 という 1 つの特徴量だけが与えられている場合を考えます。

インデックス	特徴量
0	Warm
1	Hot
2	Lava Hot

現在、データセットでは 3 つのサンプルしか見ていません。各サンプルに 3 つの項目がある二値表現に変換してみましょう。

この 3 つの項目が、3 つの特徴量です。

インデックス	特徴量 _0	特徴量 _1	特徴量 _2
0	0	0	1
1	1	0	0
2	1	0	1

そのため、特徴量は 3 行 3 列の行列（3 × 3）に格納されます。この行列の各要素は 8 バイトを占めます。つまり、この行列に必要なメモリは、8 × 3 × 3=72 バイトです。

簡単な Python のコードを使って確認できます。

```python
import numpy as np

# 例の特徴量を作成
example = np.array(
    [
        [0, 0, 1],
        [1, 0, 0],
        [1, 0, 1]
    ]
)

# バイト数の表示
print(example.nbytes)
```

　このコードでは、先ほど計算したように 72 と表示されます。 しかし、この行列のすべての要素を保存する必要があるでしょうか。 前述のように、私たちは 1 にしか興味がありません。 0 はそれほど重要ではありません。 なぜなら、0 とかけ合わされたものはすべて 0 になりますし、0 を加えたり引いたりしても何の変化もないからです。 この行列を 1 だけで表現する方法としては、行と列のインデックスをキーとし、値を 1 とする、ある種の辞書方式があります。

```
(0, 2) 1
(1, 0) 1
(2, 0) 1
(2, 2) 1
```

　このような記法では、（この例の場合）4 つの値を格納するだけなので、メモリの使用量はかなり少なくなります。 使用するメモリの合計は、8 × 4=32 バイトです。 どんな numpy 配列でも、簡単な Python のコードで疎行列に変換できます。

```python
import numpy as np
from scipy import sparse

# 例の特徴量を作成
example = np.array(
    [
        [0, 0, 1],
        [1, 0, 0],
        [1, 0, 1]
    ]
)

# numpy の配列を CSR 形式の疎行列に変換
sparse_example = sparse.csr_matrix(example)

# バイト数の表示
print(sparse_example.data.nbytes)
```

　密な配列よりも非常に小さい値である 32 が表示されます。 **CSR 方式の疎行列（sparse csr matrix）**[2] の合計サイズは、次の 3 つの値を足し合わせることで得られます。

　＊2 「Compressed Sparse Row」の略。圧縮行格納方式（Compressed Row Storage、CRS）と呼ぶ場合もあります。

```
print(
    sparse_example.data.nbytes +
    sparse_example.indptr.nbytes +
    sparse_example.indices.nbytes
)
```

64 と表示されますが、まだ元々の密行列よりも小さい値です。残念ながら、これらの要素の詳細については触れません。詳細は **SciPy** のドキュメントをご覧ください。サイズの違いが大きくなるのは、たとえば数千のサンプルと数万の特徴量を持つような、より大きな配列の場合です。単語の登場回数を集計するような特徴量を使用しているテキストデータセットなどが該当します。

```
import numpy as np
from scipy import sparse

# 行数
n_rows = 10000

# 列数
n_cols = 100000

# 5％が 1 の値を持つランダムな行列を生成
example = np.random.binomial(1, p=0.05, size=(n_rows, n_cols))

# バイト数を表示
print(f"Size of dense array: {example.nbytes}")

# numpy の配列を CSR 形式の疎行列に変換
sparse_example = sparse.csr_matrix(example)

# 疎行列のサイズを表示
print(f"Size of sparse array: {sparse_example.data.nbytes}")

full_size = (
    sparse_example.data.nbytes +
    sparse_example.indptr.nbytes +
    sparse_example.indices.nbytes
)

# 疎行列の合計サイズを表示
print(f"Full size of sparse array: {full_size}")
```

出力は次のとおりです。

```
Size of dense array: 8000000000
Size of sparse array: 399932496
Full size of sparse array: 599938748
```

　密行列では約 8000MB、約 8GB のメモリを必要とします。 一方、疎行列では、わずか 399MB のメモリしか使用しません。

　0 が多い場合には、密行列よりも疎行列の方が望ましいです。

　疎行列を表現する方法は、さまざまです。 ここでは、（おそらく最も一般的な）1 つの方法を紹介しました。 これらを深く掘り下げることは本書の範囲外ですので、読者の皆さまの練習問題としてお任せします。

　二値化された特徴量の疎な表現は、密な表現よりもメモリを大きく節約できますが、質的変数にはさらに少ないメモリで済む変換方法があります。 これは **One Hot エンコーディング（One Hot Encoding）** と呼ばれています。

　One Hot エンコーディングは、0 と 1 の 2 つの値しかないという意味では、二値変換ともいえます。 しかし、注意しなければならないのは、二進法の表現ではないということです。 表現方法は、次の例を見れば理解できます。

　ord_2 列の各カテゴリをベクトルで表現したとします。 このベクトルは、ord_2 列のカテゴリ数と同じ大きさです。 この例では、各ベクトルはサイズが 6 で、1 つの位置を除いてすべて 0 の値を取ります。実際の値を見てみましょう。

Freezing	0	0	0	0	0	1
Warm	0	0	0	0	1	0
Cold	0	0	0	1	0	0
Boiling Hot	0	0	1	0	0	0
Hot	0	1	0	0	0	0
Lava Hot	1	0	0	0	0	0

　ベクトルの大きさは 1 × 6 で、ベクトルの中に 6 つの要素があると分かります。 この 6 という数字はどこから来ているのでしょうか。 よく見ると、カテゴリが 6 つあると分かります。 One Hot エンコーディングの場合、ベクトルの大きさは、カテゴリ数と同じでなければなりません。 各ベクトルには 1 つだけ 1 が入り、それ以外の値はすべて 0 になります。 さて、先ほどの二値変換された特徴量と比べて、どれだけメモリを節約できるか見てみましょう。

　例として用いていたデータを思い出してみると、次のようになっていました。

インデックス	特徴量
0	Warm
1	Hot
2	Lava Hot

　そして、各サンプルには 3 つの特徴量がありました。 しかし、この題材での One Hot ベクトルのサイズは 6 です。 そのため、特徴量は 3 つではなく、6 つになります。

インデックス	特徴量 _0	特徴量 _1	特徴量 _2	特徴量 _3	特徴量 _4	特徴量 _5
0	0	0	1	0	**1**	0
1	0	**1**	0	0	0	0
2	**1**	0	0	0	0	0

　つまり、6 つの特徴量があり、この 3 × 6 の配列の中には 3 つしか 1 の値が存在しないということです。 numpy を使ったサイズの求め方は、二値変換した場合のスクリプトと非常によく似ています。変更が必要なのは配列部分だけです。では、このコードを見てみましょう。

```python
import numpy as np
from scipy import sparse

# 行列を作成
example = np.array(
    [
        [0, 0, 0, 0, 1, 0],
        [0, 1, 0, 0, 0, 0],
        [1, 0, 0, 0, 0, 0]
    ]
)

# バイト数を表示
print(f"Size of dense array: {example.nbytes}")

# numpy 配列を CSR 形式の疎行列に変換
sparse_example = sparse.csr_matrix(example)

# 疎行列のサイズを表示
print(f"Size of sparse array: {sparse_example.data.nbytes}")

full_size = (
    sparse_example.data.nbytes +
    sparse_example.indptr.nbytes +
```

```
    sparse_example.indices.nbytes
)

# 疎行列の合計サイズを表示
print(f"Full size of sparse array: {full_size}")
```

サイズは次のように表示されます。

```
Size of dense array: 144
Size of sparse array: 24
Full size of sparse array: 52
```

密行列のサイズは、二値化した場合よりもはるかに大きいと分かります。しかし、疎行列のサイズははるかに小さくなっています。もっと大きな配列で試してみましょう。次の例では、scikit-learn の OneHotEncoder を使って、1000 個のカテゴリを持つ特徴量の配列を密行列と疎行列に変換します。

```
import numpy as np
from sklearn import preprocessing

# 1000 のカテゴリを持つランダムな 1 次元の行列を生成
example = np.random.randint(1000, size=1000000)

# 初期化
# sparse=False に設定して、密行列を得る
ohe = preprocessing.OneHotEncoder(sparse=False)

# One Hot ベクトルに変換
ohe_example = ohe.fit_transform(example.reshape(-1, 1))

# 密行列のサイズを表示
print(f"Size of dense array: {ohe_example.nbytes}")

# 初期化
# sparse=True に設定して、疎行列を得る
ohe = preprocessing.OneHotEncoder(sparse=True)

# 疎行列を One Hot ベクトルに変換
ohe_example = ohe.fit_transform(example.reshape(-1, 1))

# 疎行列のサイズを表示
print(f"Size of sparse array: {ohe_example.data.nbytes}")
```

```
full_size = (
    ohe_example.data.nbytes +
    ohe_example.indptr.nbytes + ohe_example.indices.nbytes
)

# 疎行列の合計サイズを表示
print(f"Full size of sparse array: {full_size}")
```

出力は次のとおりです。

```
Size of dense array: 8000000000
Size of sparse array: 8000000
Full size of sparse array: 160000
```

ここでのサイズは密行列は約 8GB、疎行列は 8MB です。 あなたは、どちらを選びますか。私にはとても簡単な選択のように思えますが、いかがでしょうか。

これらの 3 つの方法は、質的変数を扱う上で最も重要です。 しかし、質的変数を扱うには、他にもさまざまな方法があります。 たとえば、質的変数を量的変数に変換する方法があります。

先ほどの質的変数のデータセットに戻りましょう。 データセットには、ord_2 列の値が Boiling Hot のサンプルがいくつありますか。

この値は、ord_2 列が Boiling Hot という値を持つデータフレームの形状から簡単に導出できます。

```
In [X]: df[df.ord_2 == "Boiling Hot"].shape
Out[X]: (84790, 25)
```

Boiling Hot という値を持つ行が 84790 行あると分かります。pandas の groupby を使って、すべてのカテゴリについて集計することもできます。

```
In [X]: df.groupby(["ord_2"])["id"].count()
Out[X]:
ord_2
Boiling Hot      84790
Cold             97822
Freezing        142726
Hot              67508
Lava Hot         64840
Warm            124239
Name: id, dtype: int64
```

　ord_2 列を集計結果で置き換えるだけで、数値のような特徴量に変換できます。 pandas の transform 関数と groupby を使えば、新しい列を作ったり、この列を置き換えたりできます。

```
In [X]: df.groupby(["ord_2"])["id"].transform("count")
Out[X]:
0            67508.0
1           124239.0
2           142726.0
3            64840.0
4            97822.0
             ...
599995      142726.0
599996       84790.0
599997      142726.0
599998      124239.0
599999       84790.0
Name: id, Length: 600000, dtype: float64
```

　すべての特徴量の数を追加したり置き換えたり、複数の列でグループ化して集計したりもできます。 たとえば、次のコードは ord_1 と ord_2 の列でグループ化して集計しています。

```
In [X]: df.groupby(
   ...:       [
   ...:            "ord_1",
   ...:            "ord_2"
   ...:       ]
   ...: )["id"].count().reset_index(name="count")
Out[X]:
           ord_1         ord_2   count
0     Contributor   Boiling Hot   15634
1     Contributor          Cold   17734
2     Contributor      Freezing   26082
3     Contributor           Hot   12428
4     Contributor      Lava Hot   11919
5     Contributor          Warm   22774
6          Expert   Boiling Hot   19477
7          Expert          Cold   22956
8          Expert      Freezing   33249
9          Expert           Hot   15792
10         Expert      Lava Hot   15078
11         Expert          Warm   28900
12    Grandmaster   Boiling Hot   13623
13    Grandmaster          Cold   15464
14    Grandmaster      Freezing   22818
```

```
15    Grandmaster            Hot   10805
16    Grandmaster       Lava Hot   10363
17    Grandmaster           Warm   19899
18        Master    Boiling Hot   10800
   .
   .
   .
   .
```

1ページに収めるために、出力からいくつかの行を消していることにご注意ください。 特徴量として追加できる別の種類の数え上げです。 もうお気づきでしょうが、グループ化にはid列を使用しています。 しかし、列の組み合わせを軸にグループ化することで、他の列を集計することもできます。

　もう1つのコツは、**複数の質的変数から新しい特徴量を作成**することです。 既存の特徴量から新しいカテゴリを持つ特徴量を作成できます。 これは簡単に実装できます。

```
In [X]: df["new_feature"] = (
   ...:      df.ord_1.astype(str)
   ...:      + "_"
   ...:      + df.ord_2.astype(str)
   ...: )

In [X]: df.new_feature

Out[X]:
0                  Contributor_Hot
1                Grandmaster_Warm
2                     nan_Freezing
3                  Novice_Lava Hot
4                Grandmaster_Cold
                      ...
599995              Novice_Freezing
599996          Novice_Boiling Hot
599997         Contributor_Freezing
599998                  Master_Warm
599999     Contributor_Boiling Hot
Name: new_feature, Length: 600000, dtype: object
```

　ord_1 と ord_2 の列を文字列型に変換した後、アンダースコアで結合しています。 なお、欠損値である NaN も文字列に変換されますが、問題ありません。 NaN を新しいカテゴリとして扱うこともできます。 こうして、この2つを組み合わせた新たな特徴量ができ上がりました。 3つや4つ以上の列を組み合わせることもできます。

```
In [X]: df["new_feature"] = (
   ...:        df.ord_1.astype(str)
   ...:        + "_"
   ...:        + df.ord_2.astype(str)
   ...:        + "_"
   ...:        + df.ord_3.astype(str)
   ...: )

In [X]: df.new_feature
Out[X]:
0                    Contributor_Hot_c
1                   Grandmaster_Warm_e
2                        nan_Freezing_n
3                     Novice_Lava Hot_a
4                   Grandmaster_Cold_h
                         ...
599995               Novice_Freezing_a
599996             Novice_Boiling Hot_n
599997           Contributor_Freezing_n
599998                   Master_Warm_m
599999       Contributor_Boiling Hot_b
Name: new_feature, Length: 600000, dtype: object
```

　では、どのカテゴリを組み合わせれば良いでしょうか。 その答えは簡単ではありません。 データセットの内容や特徴量の種類で異なります。 このような特徴量を作るには、ある程度のドメイン知識が役に立つかもしれません。メモリやCPUの使用量を気にしないのであれば、このような組み合わせをたくさん作り、モデルを使ってどの機能が有用かを判断して残しておくという欲張りな方法もあります。 この方法については、本書の後半で紹介します。

　質的変数が出てきたときは、次の簡単な手順を踏んでください。

- 欠損値を補完しましょう（非常に重要です！）
- scikit-learn の LabelEncoder を使ってラベルエンコーディングを行うか、辞書を使って整数に変換してください。もし、欠損値を補完していない場合は、事前に処理しなければならないかもしれません。
- One Hot エンコーディングを行いましょう。二値変換する必要はありません。
- モデル作成に移行しましょう。

　質的変数における欠損値の処理は非常に重要で、scikit-learn の LabelEncoder で悪名高いエラーが発生する可能性があります。

```
ValueError: y contains previously unseen labels: [nan, nan, nan, nan, nan, nan, nan, nan]
```

　原因は単純で、前処理時に欠損値が処理できておらず、データの変換時に欠損値が含まれていることです。 欠損値を処理する簡単な方法は、削除することです。 しかし、この単純な方法は理想的ではありません。 欠損値には多くの情報が含まれている可能性があり、そのまま捨ててしまうと情報が失われてしまいます。データのほとんどが欠損している場合も多く、欠損値を含む行やサンプルを削除することはできません。 欠損値を処理するもう１つの方法は、完全に新しいカテゴリとして扱うことで、最も望ましい方法です。 pandas を使用している場合は、非常に簡単な方法で実現できます。

　これまで見てきたデータセットの ord_2 列で確認してみましょう。

```
In [X]: df.ord_2.value_counts()
Out[X]:
Freezing       142726
Warm           124239
Cold            97822
Boiling Hot     84790
Hot             67508
Lava Hot        64840
Name: ord_2, dtype: int64
```

　欠損値を埋めた後は、次のようになります。

```
In [X]: df.ord_2.fillna("NONE").value_counts()
Out[X]:
Freezing       142726
Warm           124239
Cold            97822
Boiling Hot     84790
Hot             67508
Lava Hot        64840
NONE            18075
Name: ord_2, dtype: int64
```

　この列には、これまで使用を検討していなかった 18075 個もの欠損値がありました。 新しいカテゴリが加わったことで、カテゴリ数は 6 から 7 に増えました。 これでモデルを構築する際に欠損値も考慮することになるので、問題ありません。 関連する情報が多ければ多いほど、モデルはより良いものになります。

　ord_2 列に欠損値がなかったと仮定します。 この列のすべてのカテゴリは、十分な登場回数を持っています。「希少」なカテゴリ、つまりサンプル総数のごく一部にしか現れないカテゴリはありません。 さて、この列を使用するモデルを本番環境に導入し、モデルやプロジェクトが稼働したときに、ord_2 列に学習時には存在しないカテゴリが登場したとします。 この場合、モデルの一連の処理の中でエラーが発生し、どうすることもできません。 このようなことが起こる場合、おそらく本番の一連の処理に何かしらの問題があります。 このような問題が予想される場合は、モデルの一連の処理を修正し、既存の 6 つのカテゴリに新しいカテゴリを追加する必要があります。

　この新しいカテゴリは**希少カテゴリ（a rare category）**と呼ばれ、多くの異なるカテゴリを含められます。 近傍モデルを使って、未知のカテゴリを「予測」してみることもできます。このカテゴリを予測すると、学習用データセットのカテゴリの 1 つになります。

評価用データセットや新しいデータセットで、
この特徴量が新規の値を取る可能性があると仮定

f1	f2	f3	f4	f5
.	.	.	.	.
.	.	.	.	.

図 5.3　いくつかの特徴量を持つ目的変数がないデータセットで、評価用データセットや新しいデータセットで見たときに、ある特徴量が新規の値を取る可能性があると仮定

　図 5.3 のようなデータセットがある場合に「f3」以外のすべての特徴量で学習された単純なモデルを作ることができます。 つまり「f3」が与えられておらず学習に利用できない場合に「f3」を予測するモデルを作成します。 このようなモデルが優れた性能を発揮するかは分かりませんが、評価用データセットや新しいデータセットの欠損値を扱えるかもしれません。 機械学習に関しては何事もやってみなければ分かりません。

　評価用データセットが先に与えられている場合、評価用データセットを学習時に追加することで、与えられた特徴量のカテゴリについて知ることができます。 これは半教師付き学習の考え方とよく似ており、学習に利用できないデータの情報からモデルを改善できます。 学習用データセットでは出現回数が少ないのに、評価用データセットでは大量に出現するような特殊な値にも対応できます。 モデルの頑健性が向上します。

　この手法は評価用データセットに対する過学習だと考える人もいます。 過学習するかもし

れませんし、しないかもしれません。 簡単な修正方法があります。 **評価用データセットに対してモデルを実行する際の予測手順を再現するように交差検証を設計すれば、過学習することはありません。** つまり、データセットを分割し、各分割で評価用データセットと同じ前処理を適用する必要があるのです。 たとえば、学習用と評価用データセットを連結したい場合、各分割で学習用と検証用データセットを連結し、検証データセットが評価用データセットの状況を再現していることを確認する必要があります。 この場合、学習用データセットには「未知の」カテゴリが含まれるように検証用データセットを設計する必要があります。

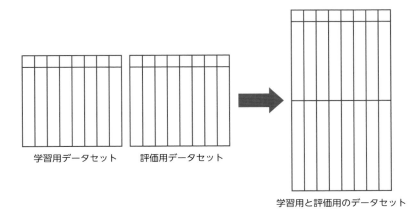

図 5.4 評価用データセットには存在するが学習用データセットには存在しないカテゴリについて学習するために、学習用と評価用のデータセットを単純に結合

この仕組みは、図 5.4 と次のコードを見れば簡単に理解できます。

```python
import pandas as pd
from sklearn import preprocessing

# 学習用データセットの読み込み
train = pd.read_csv("../input/cat_train.csv")

# 評価用データセットの読み込み
test = pd.read_csv("../input/cat_test.csv")

# 評価用データセット用の擬似的な目的変数の列を生成
test.loc[:, "target"] = -1

# 学習用と評価用のデータセットを結合
data = pd.concat([train, test]).reset_index(drop=True)

# 特徴量として扱う列をリストに格納
# インデックスと目的変数の列は処理の対象外
```

```python
features = [x for x in train.columns if x not in ["id", "target"]]

# 個々の特徴量についてのループ
for feat in features:
    # 初期化
    lbl_enc = preprocessing.LabelEncoder()

    # 質的変数の欠損値を文字列で補完
    # 合わせて、すべての値を文字列型に変換
    # 元の値が int 型でも float 型でも関係なく処理可能
    temp_col = data[feat].fillna("NONE").astype(str).values

    # これ以上の評価用データセットを想定しないので、fit_transform を利用
    data.loc[:, feat] = lbl_enc.fit_transform(temp_col)

# 学習用と評価用のデータセットに分割
train = data[data.target != -1].reset_index(drop=True)
test = data[data.target == -1].reset_index(drop=True)
```

　この方法は、評価用データセットが事前に与えられている場合に有効です。 ただし、この方法は本番環境では使えないので注意が必要です。 たとえば、あなたがリアルタイム入札（real-time bidding、RTB）の仕組みを構築している会社にいるとします。 RTB システムは、オンラインで見かけたすべてのユーザに入札して広告枠を購入します。 このようなモデルに使用できる特徴量として、ウェブサイトで閲覧されたページが含まれることがあります。 ここでは、ユーザが最後に訪れた 5 つのカテゴリ・ページを特徴量とします。 この場合、ウェブサイトが新しいカテゴリを導入すると正確な予測ができなくなり、モデルの処理は失敗してしまいます。 このような状況は**「未知」のカテゴリ（"unknown"category）**を使用することで回避できます。

　今回のデータセットでは、ord_2 列に既に未知のカテゴリがあります。

```python
In [X]: df.ord_2.fillna("NONE").value_counts()
Out[X]:
Freezing       142726
Warm           124239
Cold            97822
Boiling Hot     84790
Hot             67508
Lava Hot        64840
NONE            18075
Name: ord_2, dtype: int64
```

「NONE」は未知のカテゴリとして扱えます。 つまり新しいデータセットへの検証中に、これまで見たことのない新しいカテゴリが出てきたら「NONE」として扱います。

これは自然言語処理の問題とよく似ています。 私たちは常に、固定された語彙に基づいてモデルを構築します。 語彙のサイズを大きくすると、モデルのサイズも大きくなります。 BERT のような Transformer 機構を備えるモデルは、（英語の場合）約 30000 語で学習されます。 この語彙に含まれない新しい単語が入ってきた場合は UNK（unknown）に変換して処理します。

すなわち、評価用データセットが学習用と同じカテゴリを持つと仮定することも、新しいカテゴリに対応するために学習用データセット内に希少または未知のカテゴリを導入することも可能ということです。

欠損値を埋めた後の ord_4 列の分布を見てみましょう。

```
In [X]: df.ord_4.fillna("NONE").value_counts()
Out[X]:
N       39978
P       37890
Y       36657
A       36633
R       33045
U       32897
.
.
.
K       21676
I       19805
NONE    17930
Ð       17284
F       16721
W        8268
Z        5790
S        4595
G        3404
V        3107
J        1950
L        1657
Name: ord_4, dtype: int64
```

数千回しか出現しない値もあれば、40 万回近く出現する値もあります。 欠損値も多く見られます。 出力からいくつかの値を削除していることには注意してください。

ここで、ある値を「希少」と呼ぶ基準を定義します。 たとえば、この列で値が希少であるための条件は、登場数が 2000 未満であるとします。 この基準では、J と L は希少な値とみなされます。 pandas では、登場回数の閾値に基づいてカテゴリを簡単に置換できます。 そ

の方法を見てみましょう。

```
In [X]: df.ord_4 = df.ord_4.fillna("NONE")

In [X]: df.loc[
   ...:     df["ord_4"].value_counts()[df["ord_4"]].values < 2000,
   ...:     "ord_4"
   ...: ] = "RARE"

In [X]: df.ord_4.value_counts()
Out[X]:
N       39978
P       37890
Y       36657
A       36633
R       33045
U       32897
M       32504
 .
 .
 .
B       25212
E       21871
K       21676
I       19805
NONE    17930
Đ       17284
F       16721
W        8268
Z        5790
S        4595
RARE     3607
G        3404
V        3107
Name: ord_4, dtype: int64
```

　あるカテゴリの登場回数が 2000 以下の場合は「RARE」という文字列に置き換える、ということです。評価用データセットでは、新しい未知のカテゴリはすべて「RARE」に、すべての欠損値は「NONE」に置換されることになります。

　この方法で、新しいカテゴリが登場しても、モデルが新しいデータセットに対して機能することが保証されます。

　質的変数を含むあらゆる種類の問題に取り組むために必要なものがすべて揃いました。最初のモデルを作って、段階的に性能を向上させていきましょう。

　モデルの構築に入る前に、交差検証に気をつけることが不可欠です。既にラベルである目

的変数の分布を見て、分布が歪んでいる二値分類問題であると分かっています。したがって、ここでは StratifiedKFold を使ってデータセットを分割します。

create_folds.py

```python
# ライブラリの読み込み
import pandas as pd
from sklearn import model_selection

if __name__ == "__main__":

    # 学習用データセットの読み込み
    df = pd.read_csv("../input/cat_train.csv")

    # kfold という新しい列を作り、-1 で初期化
    df["kfold"] = -1

    # サンプルをシャッフル
    df = df.sample(frac=1).reset_index(drop=True)

    # 目的変数の取り出し
    y = df.target.values

    # 初期化
    kf = model_selection.StratifiedKFold(n_splits=5)

    # kfold 列を埋める
    for f, (t_, v_) in enumerate(kf.split(X=df, y=y)):
        df.loc[v_, 'kfold'] = f

    # データセットを新しい列と共に保存
    df.to_csv("../input/cat_train_folds.csv", index=False)
```

保存した CSV ファイルを読み込んで、分割ごとのサンプル数を確認できます。

```
In [X]: import pandas as pd

In [X]: df = pd.read_csv("../input/cat_train_folds.csv")

In [X]: df.kfold.value_counts()
Out[X]:
4    120000
3    120000
2    120000
1    120000
0    120000
```

```
Name: kfold, dtype: int64
```

　すべての分割で、サンプル数は 120000 です。 学習用データセットが 600000 サンプルで、5 つに分割したこととも整合します。 ここまでは順調です。

　これで、分割ごとの目的変数の分布も確認できるようになりました。

```
In [X]: df[df.kfold==0].target.value_counts()
Out[X]:
0    97536
1    22464
Name: target, dtype: int64

In [X]: df[df.kfold==1].target.value_counts()
Out[X]:
0    97536
1    22464
Name: target, dtype: int64

In [X]: df[df.kfold==2].target.value_counts()
Out[X]:
0    97535
1    22465
Name: target, dtype: int64

In [X]: df[df.kfold==3].target.value_counts()
Out[X]:
0    97535
1    22465
Name: target, dtype: int64

In [X]: df[df.kfold==4].target.value_counts()
Out[X]:
0    97535
1    22465
Name: target, dtype: int64
```

　各分割において、目的変数の分布が同じであると分かります。 これが必要なのです。 今回は数字のキリがよく綺麗に分割できましたが、可能なかぎり近ければよく、常に同じである必要はありません。 モデルを構築する際には、すべての分割で目的変数の分布が同じになるようにしましょう。

　最も簡単なモデルとして、すべてのデータセットを One Hot ベクトルに変換し、ロジスティック回帰を用いて学習する方法があります。

ohe_logres.py

```python
import pandas as pd

from sklearn import linear_model
from sklearn import metrics
from sklearn import preprocessing

def run(fold):
    # 学習用データセットの読み込み
    df = pd.read_csv("../input/cat_train_folds.csv")

    # インデックスと目的変数との列を除き、特徴量とする
    features = [
        f for f in df.columns if f not in ("id", "target", "kfold")
    ]

    # すべての欠損値を "NONE" で補完
    # 合わせて、すべての列を文字列型に変換
    # すべて質的変数なので問題がない
    for col in features:
        df.loc[:, col] = df[col].astype(str).fillna("NONE")

    # 引数の fold 番号と一致しないデータを学習に利用
    df_train = df[df.kfold != fold].reset_index(drop=True)

    # 引数の fold 番号と一致するデータを検証に利用
    df_valid = df[df.kfold == fold].reset_index(drop=True)

    # 初期化
    ohe = preprocessing.OneHotEncoder()

    # 学習用と検証用のデータセットを結合し、One Hot エンコーダを学習
    full_data = pd.concat(
        [df_train[features], df_valid[features]],
        axis=0
    )
    ohe.fit(full_data[features])

    # 学習用データセットを変換
    x_train = ohe.transform(df_train[features])

    # 検証用データセットを変換
    x_valid = ohe.transform(df_valid[features])

    # 初期化
    model = linear_model.LogisticRegression()
    # モデルの学習
    model.fit(x_train, df_train.target.values)
```

```
    # 検証用データセットに対する予測
    # AUC を計算するために、予測値が必要
    # 1 である予測値を利用
    valid_preds = model.predict_proba(x_valid)[:, 1]

    # AUC を計算
    auc = metrics.roc_auc_score(df_valid.target.values, valid_preds)

    # AUC を表示
    print(auc)


if __name__ == "__main__":
    # fold 番号が 0 の分割に対して実行
    # 引数を変えるだけで、任意の分割に対して実行できる
    run(0)
```

このコードでは、データセットを学習用と検証用に分け、分割を指定し、欠損値を処理し、One Hot エンコーディングを適用し、**ロジスティック回帰（Logistic Regression）** モデルを学習する関数を作成しました。

このコードを実行すると、次のような出力が得られます

```
❯ python ohe_logres.py
/home/abhishek/miniconda3/envs/ml/lib/python3.7/site-packages/sklearn/linear_
model/_logistic.py:939: ConvergenceWarning: lbfgs failed to converge (status=1):
STOP: TOTAL NO. of ITERATIONS REACHED LIMIT.
Increase the number of iterations (max_iter) or scale the data as shown in:
    https://scikit-learn.org/stable/modules/preprocessing.html.
Please also refer to the documentation for alternative solver options:
    https://scikit-learn.org/stable/modules/linear_model.html#logistic-regression
  extra_warning_msg=_LOGISTIC_SOLVER_CONVERGENCE_MSG)
0.7847865042255127
```

いくつかの警告が出ています。ロジスティック回帰が最大の反復回数で収束しなかったようです。標準のパラメータを利用しているので、仕方ありません。AUC は約 0.785 でした。簡単なコードの変更で、すべての分割に対して実行してみましょう。

ohe_logres.py

```
    .
    .
    .

    # 初期化
    model = linear_model.LogisticRegression()

    # モデルの学習
    model.fit(x_train, df_train.target.values)

    # 検証用データセットに対する予測
    # AUC を計算するために、予測値が必要
    # 1 である予測値を利用
    valid_preds = model.predict_proba(x_valid)[:, 1]

    # AUC を計算
    auc = metrics.roc_auc_score(df_valid.target.values, valid_preds)

    # AUC を表示
    print(f"Fold = {fold}, AUC = {auc}")


if __name__ == "__main__":
    for fold_ in range(5):
        run(fold_)
```

ここでは、多くの変更を加えていません。そのため、コードの一部の行のみを示しています。実行結果を次に示します。

```
❯ python -W ignore ohe_logres.py
Fold = 0, AUC = 0.7847865042255127
Fold = 1, AUC = 0.7853553605899214
Fold = 2, AUC = 0.7879321942914885
Fold = 3, AUC = 0.7870315929550808
Fold = 4, AUC = 0.7864668243125608
```

「-W ignore」のオプションですべての警告を無視しています。

AUC スコアは、すべての分割で非常に安定していると分かります。平均 AUC は 0.78631449527 です。最初のモデルとしては非常に良い結果です。

多くの人はこの種の問題をランダムフォレストのような決定木系のモデルで始めるでしょう。このデータセットにランダムフォレストを適用するには、One Hot エンコーディングの代わりに、ラベルエンコーディングを使用して、前述のように各列のすべての特徴量を整数

に変換します。

　このコードは、One Hot エンコーディングコードと大きくは変わりません。 見てみましょう。

lbl_rf.py

```python
import pandas as pd

from sklearn import ensemble
from sklearn import metrics
from sklearn import preprocessing


def run(fold):

    # 学習用データセットの読み込み
    df = pd.read_csv("../input/cat_train_folds.csv")

    # インデックスと目的変数と fold 番号の列を除き、特徴量とする
    features = [
        f for f in df.columns if f not in ("id", "target", "kfold")
    ]

    # すべての欠損値を "NONE" で補完
    # 合わせて、すべての列を文字列型に変換
    # すべて質的変数なので問題がない
    for col in features:
        df.loc[:, col] = df[col].astype(str).fillna("NONE")

    # 特徴量のラベルエンコーディング
    for col in features:

        # 初期化
        lbl = preprocessing.LabelEncoder()

        # ラベルエンコーダの学習
        lbl.fit(df[col])

        # データセットの変換
        df.loc[:, col] = lbl.transform(df[col])

    # 引数の fold 番号と一致しないデータを学習に利用
    df_train = df[df.kfold != fold].reset_index(drop=True)

    # 引数の fold 番号と一致するデータを検証に利用
    df_valid = df[df.kfold == fold].reset_index(drop=True)
```

```
    # 学習用データセットの準備
    x_train = df_train[features].values

    # 検証用データセットの準備
    x_valid = df_valid[features].values

    # 初期化
    model = ensemble.RandomForestClassifier(n_jobs=-1)

    # モデルの学習
    model.fit(x_train, df_train.target.values)

    # 検証用データセットに対する予測
    # AUC を計算するために、予測値が必要
    # 1 である予測値を利用
    valid_preds = model.predict_proba(x_valid)[:, 1]

    # AUC を計算
    auc = metrics.roc_auc_score(df_valid.target.values, valid_preds)

    # AUC を表示
    print(f"Fold = {fold}, AUC = {auc}")


if __name__ == "__main__":
    for fold_ in range(5):
        run(fold_)
```

scikit-learn の**ランダムフォレスト (random forest)** を使用しており、One Hot エンコーディングを削除しています。 One Hot エンコーディングの代わりにラベルエンコーディングを使用しています。 スコアは次のとおりです。

```
❯ python lbl_rf.py
Fold = 0, AUC = 0.7167390828113697
Fold = 1, AUC = 0.7165459672958506
Fold = 2, AUC = 0.7159709909587376
Fold = 3, AUC = 0.7161589664189556
Fold = 4, AUC = 0.7156020216155978
```

　驚くべき違いが出ています。 ハイパーパラメータを調整していないランダムフォレストモデルを使った場合、単純なロジスティック回帰よりもずっと悪い結果となりました。
　これが、最初は常に単純なモデルから始めるべき理由です。 ランダムフォレストばかりを重視していると、ロジスティック回帰モデルは非常に単純なモデルでランダムフォレストよ

りも優れた価値をもたらすことはできないと考えて、まずランダムフォレストから始めてロジスティック回帰モデルを無視してしまいます。 これは大きな間違いです。 今回実装したランダムフォレストでは、実行が完了するまでにロジスティック回帰に比べてはるかに長い時間がかかります。 そのため、AUC で負けているだけでなく、学習の完了にも時間がかかっています。 ランダムフォレストでは推論にも時間がかかり、さらなる差が付くことにも注意してください。

　必要であれば、疎な One Hot ベクトルに対してランダムフォレストを実行することもできますが、より多くの時間がかかります。 特異値分解（SVD）を用いて、疎な One Hot ベクトルの行列の次元を削減できます。 自然言語処理でトピックを抽出する際に非常によく使われる方法です。

ohe_svd_rf.py

```python
import pandas as pd

from scipy import sparse
from sklearn import decomposition
from sklearn import ensemble
from sklearn import metrics
from sklearn import preprocessing


def run(fold):
    # 学習用データセットの読み込み
    df = pd.read_csv("../input/cat_train_folds.csv")

    # インデックスと目的変数と fold 番号の列を除き、特徴量とする
    features = [
        f for f in df.columns if f not in ("id", "target", "kfold")
    ]

    # すべての欠損値を "NONE" で補完
    # 合わせて、すべての列を文字列型に変換
    # すべて質的変数なので問題がない
    for col in features:
        df.loc[:, col] = df[col].astype(str).fillna("NONE")

    # 引数の fold 番号と一致しないデータを学習に利用
    df_train = df[df.kfold != fold].reset_index(drop=True)

    # 引数の fold 番号と一致するデータを検証に利用
    df_valid = df[df.kfold == fold].reset_index(drop=True)

    # 初期化
    ohe = preprocessing.OneHotEncoder()
```

```python
    # 学習用と検証用のデータセットを結合し、One Hotエンコーダを学習
    full_data = pd.concat(
        [df_train[features], df_valid[features]],
        axis=0
    )
    ohe.fit(full_data[features])

    # 学習用データセットを変換
    x_train = ohe.transform(df_train[features])

    # 検証用データセットを変換
    x_valid = ohe.transform(df_valid[features])

    # 初期化
    # 120 次元に圧縮
    svd = decomposition.TruncatedSVD(n_components=120)

    # 学習用と検証用のデータセットを結合し学習
    full_sparse = sparse.vstack((x_train, x_valid))
    svd.fit(full_sparse)

    # 学習用データセットを変換
    x_train = svd.transform(x_train)

    # 検証用データセットを変換
    x_valid = svd.transform(x_valid)

    # 初期化
    model = ensemble.RandomForestClassifier(n_jobs=-1)

    # モデルの学習
    model.fit(x_train, df_train.target.values)

    # 検証用データセットに対する予測
    # AUC を計算するために、予測値が必要
    # 1 である予測値を利用
    valid_preds = model.predict_proba(x_valid)[:, 1]

    # AUC を計算
    auc = metrics.roc_auc_score(df_valid.target.values, valid_preds)

    # AUC を表示
    print(f"Fold = {fold}, AUC = {auc}")


if __name__ == "__main__":
    for fold_ in range(5):
        run(fold_)
```

　　全データを One Hot エンコーディングで変換し、scikit-learn の TruncatedSVD を学習用と検証用のデータセットの疎行列に適用します。 高次元の疎行列を 120 個の特徴量に圧縮し、ランダムフォレスト分類器を学習します。

　　次は、このモデルの出力結果です。

```
❯ python ohe_svd_rf.py
Fold = 0, AUC = 0.7064863038754249
Fold = 1, AUC = 0.706050102937374
Fold = 2, AUC = 0.7086069243167242
Fold = 3, AUC = 0.7066819080085971
Fold = 4, AUC = 0.7058154015055585
```

　　さらに性能が悪化していると分かります。この問題に最適な手法は、One Hot エンコーディングとロジスティック回帰のようです。ランダムフォレストは時間がかかりすぎるようです。**XGBoost** を試してみるのもいいかもしれません。 XGBoost を知らない人のために説明すると、これは最も人気のある勾配ブースティング決定木系のアルゴリズムの 1 つです。 決定木系のアルゴリズムなので、ラベルエンコーディングされたデータを使用します。

lbl_xgb.py

```python
import pandas as pd
import xgboost as xgb

from sklearn import metrics
from sklearn import preprocessing


def run(fold):
    # 学習用データセットの読み込み
    df = pd.read_csv("../input/cat_train_folds.csv")

    # インデックスと目的変数と fold 番号の列を除き、特徴量とする
    features = [
        f for f in df.columns if f not in ("id", "target", "kfold")
    ]

    # すべての欠損値を "NONE" で補完
    # 合わせて、すべての列を文字列型に変換
    # すべて質的変数なので問題がない
    for col in features:
        df.loc[:, col] = df[col].astype(str).fillna("NONE")

    # 特徴量のラベルエンコーディング
    for col in features:
```

```python
        # 初期化
        lbl = preprocessing.LabelEncoder()

        # ラベルエンコーダの学習
        lbl.fit(df[col])

        # データセットの変換
        df.loc[:, col] = lbl.transform(df[col])

    # 引数の fold 番号と一致しないデータを学習に利用
    df_train = df[df.kfold != fold].reset_index(drop=True)

    # 引数の fold 番号と一致するデータを検証に利用
    df_valid = df[df.kfold == fold].reset_index(drop=True)

    # 学習用データセットの準備
    x_train = df_train[features].values

    # 検証用データセットの準備
    x_valid = df_valid[features].values

    # 初期化
    model = xgb.XGBClassifier(
        n_jobs=-1,
        max_depth=7,
        n_estimators=200
    )

    # モデルの学習
    model.fit(x_train, df_train.target.values)

    # 検証用データセットに対する予測
    # AUC を計算するために、予測値が必要
    # 1 である予測値を利用
    valid_preds = model.predict_proba(x_valid)[:, 1]

    # AUC を計算
    auc = metrics.roc_auc_score(df_valid.target.values, valid_preds)

    # AUC を表示
    print(f"Fold = {fold}, AUC = {auc}")


if __name__ == "__main__":
    for fold_ in range(5):
        run(fold_)
```

　このコードでは、XBGoost のハイパーパラメータを少し変更しています。 標準の `max_depth` は 3 ですが 7 に変更し、`n_estimators` を 100 から 200 に変更しました。

　5 つの分割でのスコアは次のとおりです。

```
❯ python lbl_xgb.py
Fold = 0, AUC = 0.7656768851999011
Fold = 1, AUC = 0.7633006564148015
Fold = 2, AUC = 0.7654277821434345
Fold = 3, AUC = 0.7663609758878182
Fold = 4, AUC = 0.764914671468069
```

　ランダムフォレストよりもはるかに優れたスコアが得られていますが、ハイパーパラメータをさらに調整すれば、さらなる改善も見込めます。

　モデルに付加価値を与えない特定の列を削除するなど、特徴量エンジニアリングを試すこともできます。 しかし、現状のデータセットでは、モデルの改善のためにできることはあまりないように思えます。 データセットを質的変数を多く含む別のデータセットに変えてみましょう。 有名なデータセットは、**米国の成人の国勢調査データセット**です。 このデータセットにはいくつかの特徴量が含まれており、給与階層の予測が課題となります。このデータセットを見てみましょう。 図 5.5 は、このデータセットのいくつかの列を示しています。

	age	education	marital.status	race	sex	capital.loss	income
0	90	HS-grad	Widowed	White	Female	4356	<=50K
1	82	HS-grad	Widowed	White	Female	4356	<=50K
2	66	Some-college	Widowed	Black	Female	4356	<=50K
3	54	7th-8th	Divorced	White	Female	3900	<=50K
4	41	Some-college	Separated	White	Female	3900	<=50K
...	...	...	...	...	...	...	...
32556	22	Some-college	Never-married	White	Male	0	<=50K
32557	27	Assoc-acdm	Married-civ-spouse	White	Female	0	<=50K
32558	40	HS-grad	Married-civ-spouse	White	Male	0	>50K
32559	58	HS-grad	Widowed	White	Female	0	<=50K
32560	22	HS-grad	Never-married	White	Male	0	<=50K

図 5.5　米国の成人の国勢調査データセットのいくつかの列[3]

＊3　https://archive.ics.uci.edu/ml/datasets/adult

このデータセットには次の列があります。

- **age**
- **workclass**
- **fnlwgt**
- **education**
- **education.num**
- **marital.status**
- **occupation**
- **relationship**
- **race**
- **sex**
- **capital.gain**
- **capital.loss**
- **hours.per.week**
- **native.country**
- **income**

ほとんどは列名から意味が推察できます。 そうでない列については、忘れてしまいましょう。 まずは、モデルを作ります。

収入（income）の列が文字列であると分かります。 この列の値の登場回数を計算してみましょう。

```
In [X]: import pandas as pd

In [X]: df = pd.read_csv("../input/adult.csv")

In [X]: df.income.value_counts()
Out[X]:
<=50K    24720
>50K      7841
```

収入が 5 万ドル以上のサンプルが 7841 個あると分かります。 これは、全サンプル数の約 24%に当たります。 一定の不均衡データであるため、評価指標は「Categorical Features Encoding Challenge II」のデータセットと同じ AUC にします。 モデルを構築する前に、問題を簡単にするために、いくつかの数値を含む列を削除しておきます。

- **fnlwgt**
- **age**
- **capital.gain**
- **capital.loss**
- **hours.per.week**

　さっそく、ロジスティック回帰と One Hot エンジニアリングで、どのような結果が得られるか見てみましょう。最初は常に、交差検証から始まります。ここでは交差検証の部分のコードは割愛します。読者のための練習問題として残してあります。

ohe_logres.py

```python
import pandas as pd

from sklearn import linear_model
from sklearn import metrics
from sklearn import preprocessing

def run(fold):
    # 学習用データセットの読み込み
    df = pd.read_csv("../input/adult_folds.csv")

    # 数値を含む列
    num_cols = [
        "fnlwgt",
        "age",
        "capital.gain",
        "capital.loss",
        "hours.per.week"
    ]

    # 数値を含む列の削除
    df = df.drop(num_cols, axis=1)

    # 目的変数を 0 と 1 に置換
    target_mapping = {
        "<=50K": 0,
        ">50K": 1
    }
    df.loc[:, "income"] = df.income.map(target_mapping)

    # 目的変数と fold 番号の列を除き、特徴量とする
    features = [
        f for f in df.columns if f not in ("kfold", "income")
    ]

    # すべての欠損値を "NONE" で補完
```

```python
    # 合わせて、すべての列を文字列型に変換
    # すべて質的変数なので問題がない
    for col in features:
        df.loc[:, col] = df[col].astype(str).fillna("NONE")

    # 引数の fold 番号と一致しないデータを学習に利用
    df_train = df[df.kfold != fold].reset_index(drop=True)

    # 引数の fold 番号と一致するデータを検証に利用
    df_valid = df[df.kfold == fold].reset_index(drop=True)

    # 初期化
    ohe = preprocessing.OneHotEncoder()

    # 学習用と検証用のデータセットを結合し、One Hot エンコーダを学習
    full_data = pd.concat(
        [df_train[features], df_valid[features]],
        axis=0
    )
    ohe.fit(full_data[features])

    # 学習用データセットを変換
    x_train = ohe.transform(df_train[features])

    # 検証用データセットを変換
    x_valid = ohe.transform(df_valid[features])

    # 初期化
    model = linear_model.LogisticRegression()

    # モデルの学習
    model.fit(x_train, df_train.income.values)

    # 検証用データセットに対する予測
    # AUC を計算するために、予測値が必要
    # 1 である予測値を利用
    valid_preds = model.predict_proba(x_valid)[:, 1]

    # AUC を計算
    auc = metrics.roc_auc_score(df_valid.income.values, valid_preds)

    # AUC を表示
    print(f"Fold = {fold}, AUC = {auc}")


if __name__ == "__main__":
    for fold_ in range(5):
        run(fold_)
```

このコードを実行すると、次の結果が得られます。

```
❯ python -W ignore ohe_logres.py
Fold = 0, AUC = 0.8794809708119079
Fold = 1, AUC = 0.8875785068274882
Fold = 2, AUC = 0.8852609687685753
Fold = 3, AUC = 0.8681236223251438
Fold = 4, AUC = 0.8728581541840037
```

単純なモデルで、とても良い AUC が得られています。

ラベルエンコーディングしたデータを、ハイパーパラメータを調整していない XGBoost に投入して試してみましょう。

lbl_xgb.py

```python
import pandas as pd
import xgboost as xgb

from sklearn import metrics
from sklearn import preprocessing


def run(fold):
    # 学習用データセットの読み込み
    df = pd.read_csv("../input/adult_folds.csv")

    # 数値を含む列
    num_cols = [
        "fnlwgt",
        "age",
        "capital.gain",
        "capital.loss",
        "hours.per.week"
    ]

    # 数値を含む列の削除
    df = df.drop(num_cols, axis=1)

    # 目的変数を 0 と 1 に置換
    target_mapping = {
        "<=50K": 0,
        ">50K": 1
    }
    df.loc[:, "income"] = df.income.map(target_mapping)

    # 目的変数と fold 番号の列を除き、特徴量とする
```

```python
features = [
    f for f in df.columns if f not in ("kfold", "income")
]

# すべての欠損値を "NONE" で補完
# 合わせて、すべての列を文字列型に変換
for col in features:
    df.loc[:, col] = df[col].astype(str).fillna("NONE")

# 特徴量のラベルエンコーディング
for col in features:

    # 初期化
    lbl = preprocessing.LabelEncoder()

    # ラベルエンコーダの学習
    lbl.fit(df[col])

    # データの変換
    df.loc[:, col] = lbl.transform(df[col])

# 引数の fold 番号と一致しないデータを学習に利用
df_train = df[df.kfold != fold].reset_index(drop=True)

# 引数の fold 番号と一致するデータを検証に利用
df_valid = df[df.kfold == fold].reset_index(drop=True)

# 学習用データセットの準備
x_train = df_train[features].values

# 検証用データセットの準備
x_valid = df_valid[features].values

# 初期化
model = xgb.XGBClassifier(
    n_jobs=-1
)

# モデルの学習
model.fit(x_train, df_train.income.values)

# 検証用データセットに対する予測
# AUC を計算するために、予測値が必要
# 1 である予測値を利用
valid_preds = model.predict_proba(x_valid)[:, 1]

# AUC を計算
auc = metrics.roc_auc_score(df_valid.income.values, valid_preds)
```

```
    # AUC を表示
    print(f"Fold = {fold}, AUC = {auc}")


if __name__ == "__main__":
    for fold_ in range(5):
        run(fold_)
```

これを実行しましょう。

```
❯ python lbl_xgb.py
Fold = 0, AUC = 0.8800810634234078
Fold = 1, AUC = 0.886811884948154
Fold = 2, AUC = 0.8854421433318472
Fold = 3, AUC = 0.8676319549361007
Fold = 4, AUC = 0.8714450054900602
```

既にかなり良い結果が出ています。 では max_depth を 7 に、n_estimators を 200 に
したときのスコアを見てみましょう。

```
❯ python lbl_xgb.py
Fold = 0, AUC = 0.8764108944332032
Fold = 1, AUC = 0.8840708537662638
Fold = 2, AUC = 0.8816601162613102
Fold = 3, AUC = 0.8662335762581732
Fold = 4, AUC = 0.8698983461709926
```

スコアの改善は見られませんでした。

これは、あるデータセットで効果的だったハイパーパラメータが別のデータセットに単純
には移植できないことを示しています。 もう一度調整をしなければなりませんが、この話題
については次の章で詳しく説明します。

では、パラメータチューニングを行わずに、**XGBoost モデルに量的変数（numerical
features）**を入れてみましょう。

lbl_xgb_num.py

```python
import pandas as pd
import xgboost as xgb

from sklearn import metrics
from sklearn import preprocessing


def run(fold):
    # 学習用データセットの読み込み
    df = pd.read_csv("../input/adult_folds.csv")

    # 数値を含む列
    num_cols = [
        "fnlwgt",
        "age",
        "capital.gain",
        "capital.loss",
        "hours.per.week"
    ]

    # 目的変数を 0 と 1 に置換
    target_mapping = {
        "<=50K": 0,
        ">50K": 1
    }
    df.loc[:, "income"] = df.income.map(target_mapping)

    # 目的変数と fold 番号の列を除き、特徴量とする
    features = [
        f for f in df.columns if f not in ("kfold", "income")
    ]

    # すべての欠損値を "NONE" で補完
    # 合わせて、すべての列を文字列型に変換
    for col in features:
        # 数値を含む列の場合は変換しない
        if col not in num_cols:
            df.loc[:, col] = df[col].astype(str).fillna("NONE")

    # 特徴量のラベルエンコーディング
    for col in features:
        if col not in num_cols:
            # 初期化
            lbl = preprocessing.LabelEncoder()

            # ラベルエンコーダの学習
            lbl.fit(df[col])
```

```
            # データの変換
            df.loc[:, col] = lbl.transform(df[col])

    # 引数の fold 番号と一致しないデータを学習に利用
    df_train = df[df.kfold != fold].reset_index(drop=True)

    # 引数の fold 番号と一致するデータを検証に利用
    df_valid = df[df.kfold == fold].reset_index(drop=True)

    # 学習用データセットの準備
    x_train = df_train[features].values

    # 検証用データセットの準備
    x_valid = df_valid[features].values

    # 初期化
    model = xgb.XGBClassifier(
        n_jobs=-1
    )

    # モデルの学習
    model.fit(x_train, df_train.income.values)

    # 検証用データセットに対する予測
    # AUC を計算するために、予測値が必要
    # 1 である予測値を利用
    valid_preds = model.predict_proba(x_valid)[:, 1]

    # AUC を計算
    auc = metrics.roc_auc_score(df_valid.income.values, valid_preds)

    # AUC を表示
    print(f"Fold = {fold}, AUC = {auc}")


if __name__ == "__main__":
    for fold_ in range(5):
        run(fold_)
```

　ここでは、数値を含む列はそのままにして、ラベルエンコーディングをしないことにしました。 つまり、最終的な特徴量は、量的変数 (そのまま) とラベルエンコーディングされた質的変数で構成されます。 決定木系のアルゴリズムであれば、この組み合わせを簡単に扱えます。

　決定木モデルを使用する場合、データを正規化する必要はありません。 一方で、ロジスティック回帰などの線形モデルを使用する場合、データの正規化は非常に重要です。

それでは、このスクリプトを実行してみましょう。

```
> python lbl_xgb_num.py
Fold = 0, AUC = 0.9209790185449889
Fold = 1, AUC = 0.9247157449144706
Fold = 2, AUC = 0.9269329887598243
Fold = 3, AUC = 0.9119349082169275
Fold = 4, AUC = 0.9166408030141667
```

素晴らしいスコアが出ています。

では、いくつかの特徴量を追加してみましょう。すべての質的変数を取り出し、次数 2 で
すべての組み合わせを作成します。具体的な処理については、次のコードにある feature_
engineering 関数を参照してください。

lbl_xgb_num_feat.py

```
import itertools
import pandas as pd
import xgboost as xgb

from sklearn import metrics
from sklearn import preprocessing


def feature_engineering(df, cat_cols):
    """
    特徴量エンジニアリングの関数
    :param df: 学習用もしくは検証用のデータセット
    :param cat_cols: 質的変数の列のリスト
    :return: 新しい特徴量のデータセット
    """
    # リスト内のあらゆる 2 つの値の組み合わせを生成
    # 例：
    # list(itertools.combinations([1,2,3], 2)) は以下を返す
    # [(1, 2), (1, 3), (2, 3)]
    combi = list(itertools.combinations(cat_cols, 2))
    for c1, c2 in combi:
        df.loc[
            :,
            c1 + "_" + c2
        ] = df[c1].astype(str) + "_" + df[c2].astype(str)
    return df


def run(fold):
```

```python
# 学習用データセットの読み込み
df = pd.read_csv("../input/adult_folds.csv")

# 数値を含む列
num_cols = [
    "fnlwgt",
    "age",
    "capital.gain",
    "capital.loss",
    "hours.per.week"
]

# 目的変数を 0 と 1 に置換
target_mapping = {
    "<=50K": 0,
    ">50K": 1
}
df.loc[:, "income"] = df.income.map(target_mapping)

# 質的変数の列
cat_cols = [
    c for c in df.columns if c not in num_cols
    and c not in ("kfold", "income")
]

# 新しい特徴量を追加
df = feature_engineering(df, cat_cols)

# 目的変数と fold 番号の列を除き、特徴量とする
features = [
    f for f in df.columns if f not in ("kfold", "income")
]

# すべての欠損値を "NONE" で補完
# 合わせて、すべての列を文字列型に変換
for col in features:
    # 数値を含む列の場合は変換しない
    if col not in num_cols:
        df.loc[:, col] = df[col].astype(str).fillna("NONE")

# 特徴量のラベルエンコーディング
for col in features:
    if col not in num_cols:
        # 初期化
        lbl = preprocessing.LabelEncoder()

        # ラベルエンコーダの学習
        lbl.fit(df[col])
```

```
            # データの変換
            df.loc[:, col] = lbl.transform(df[col])

        # 引数の fold 番号と一致しないデータを学習に利用
        df_train = df[df.kfold != fold].reset_index(drop=True)

        # 引数の fold 番号と一致するデータを検証に利用
        df_valid = df[df.kfold == fold].reset_index(drop=True)

        # 学習用データセットの準備
        x_train = df_train[features].values

        # 検証用データセットの準備
        x_valid = df_valid[features].values

        # 初期化
        model = xgb.XGBClassifier(
            n_jobs=-1
        )

        # モデルの学習
        model.fit(x_train, df_train.income.values)

        # 検証用データセットに対する予測
        # AUC を計算するために、予測値が必要
        # 1 である予測値を利用
        valid_preds = model.predict_proba(x_valid)[:, 1]

        # AUC を計算
        auc = metrics.roc_auc_score(df_valid.income.values, valid_preds)

        # AUC を表示
        print(f"Fold = {fold}, AUC = {auc}")


if __name__ == "__main__":
    for fold_ in range(5):
        run(fold_)
```

　質的変数から特徴量を作成する非常に単純な方法です。 データを見て、どの組み合わせが最も意味があるかを確認する必要があります。 この方法を使うと、たくさんの特徴量を作成してしまう可能性があり、何らかの方法で最適な特徴量を選択する必要があります。 特徴量選択については、後で詳しく説明します。 それでは、スコアを見てみましょう。

```
❯ python lbl_xgb_num_feat.py
Fold = 0, AUC = 0.9211483465031423
Fold = 1, AUC = 0.9251499446866125
Fold = 2, AUC = 0.9262344766486692
Fold = 3, AUC = 0.9114264068794995
Fold = 4, AUC = 0.9177914453099201
```

ハイパーパラメータを変更せずに、たくさんの特徴量を追加しただけでも、スコアを少し改善できるようです。 max_depth を 7 にするとどうなるか見てみましょう。

```
❯ python lbl_xgb_num_feat.py
Fold = 0, AUC = 0.9286668430204137
Fold = 1, AUC = 0.9329340656165378
Fold = 2, AUC = 0.9319817543218744
Fold = 3, AUC = 0.919046187194538
Fold = 4, AUC = 0.9245692057162671
```

今回もモデルを改善できました。

希少カテゴリ、二値変換、One Hot エンコーディングとラベルエンコーディングの組み合わせや、その他のいくつかの方法はまだ使用していません。

質的変数から特徴量を作成するもう 1 つの方法は、**ターゲットエンコーディング（target encoding）**です。 しかし、モデルを過学習させる可能性があるので、非常に注意しなければなりません。 ターゲットエンコーディングとは、与えられた特徴量の各カテゴリを目的変数の平均値で置き換える手法ですが、必ずデータセットを分割した上で実施する必要があります。 つまり、最初に分割を作成し、モデルを学習・予測するのと同じように、分割ごとに異なるデータに対してターゲットエンコーディングの特徴量を作成します。 たとえば 5 つの分割を作成した場合、ターゲットエンコーディングを 5 回実施することになります。 ある分割の変数をエンコーディングする場合、その分割を含まないデータセットから平均値を算出します。 評価用データセットに対してターゲットエンコーディングを実施する際は、学習用データセット全体から計算する場合もあれば、各分割での集計結果を平均する場合もあります。

比較ができるよう今までと同じデータセットで、ターゲットエンコーディングをどのように使うか見てみましょう。

target_encoding.py

```python
import copy
import pandas as pd

from sklearn import metrics
from sklearn import preprocessing
import xgboost as xgb


def mean_target_encoding(data):
    # データセットのコピー
    df = copy.deepcopy(data)

    # 数値を含む列
    num_cols = [
        "fnlwgt",
        "age",
        "capital.gain",
        "capital.loss",
        "hours.per.week"
    ]

    # 目的変数を 0 と 1 に置換
    target_mapping = {
        "<=50K": 0,
        ">50K": 1
    }

    df.loc[:, "income"] = df.income.map(target_mapping)

    # 目的変数と fold 番号の列を除き、特徴量とする
    features = [
        f for f in df.columns if f not in ("kfold", "income")
        and f not in num_cols
    ]

    # すべての欠損値を "NONE" で補完
    # 合わせて、すべての質的変数の列を文字列型に変換
    for col in features:
        # 数値を含む列の場合は変換しない
        if col not in num_cols:
            df.loc[:, col] = df[col].astype(str).fillna("NONE")

    # 特徴量のラベルエンコーディング
    for col in features:
        if col not in num_cols:
            # 初期化
            lbl = preprocessing.LabelEncoder()
```

```
                # ラベルエンコーダの学習
                lbl.fit(df[col])

                # データの変換
                df.loc[:, col] = lbl.transform(df[col])

    # 検証用データセットを格納するリスト
    encoded_dfs = []

    # すべての分割についてのループ
    for fold in range(5):
        # 学習用と検証用データセットの準備
        df_train = df[df.kfold != fold].reset_index(drop=True)
        df_valid = df[df.kfold == fold].reset_index(drop=True)
        # すべての特徴量についてのループ
        for column in features:
            # カテゴリごとの目的変数の平均についての辞書を作成
            mapping_dict = dict(
                df_train.groupby(column)["income"].mean()
            )
            # 元の列名の末尾に "enc" を加えた名前で、新しい列を作成
            df_valid.loc[
                :, column + "_enc"
            ] = df_valid[column].map(mapping_dict)
        # リストに格納
        encoded_dfs.append(df_valid)
    # 結合したデータセットを返す
    encoded_df = pd.concat(encoded_dfs, axis=0)
    return encoded_df


def run(df, fold):
    # 分割方法は以前と同じ
    # 引数の fold 番号と一致しないデータを学習に利用
    df_train = df[df.kfold != fold].reset_index(drop=True)

    # 引数の fold 番号と一致するデータを検証に利用
    df_valid = df[df.kfold == fold].reset_index(drop=True)

    # 目的変数と fold 番号の列を除き、特徴量とする
    features = [
        f for f in df.columns if f not in ("kfold", "income")
    ]

    # 学習用データセットの準備
    x_train = df_train[features].values

    # 検証用データセットの準備
```

```
        x_valid = df_valid[features].values

        # 初期化
        model = xgb.XGBClassifier(
            n_jobs=-1,
            max_depth=7
        )

        # モデルの学習
        model.fit(x_train, df_train.income.values)

        # 検証用データセットに対する予測
        # AUC を計算するために、予測値が必要
        # 1 である予測値を利用
        valid_preds = model.predict_proba(x_valid)[:, 1]

        # AUC を計算
        auc = metrics.roc_auc_score(df_valid.income.values, valid_preds)

        # AUC を表示
        print(f"Fold = {fold}, AUC = {auc}")


if __name__ == "__main__":
    # 学習用データセットの読み込み
    df = pd.read_csv("../input/adult_folds.csv")

    # mean target エンコーディングの実行
    df = mean_target_encoding(df)

    # 各分割で実行
    for fold_ in range(5):
        run(df, fold_)
```

　上記の例では、ターゲットエンコーディングを行った後、元々の質的変数の列を削除していません。 すべての特徴量を残し、その上にターゲットエンコードされた特徴量を加えました。 ここでは平均値を算出していますが、その他に中央値や標準偏差、その他の集約関数も使用できます。

　結果を見てみましょう。

```
Fold = 0, AUC = 0.9332240662017529
Fold = 1, AUC = 0.9363551625140347
Fold = 2, AUC = 0.9375013544556173
Fold = 3, AUC = 0.92237621307625
Fold = 4, AUC = 0.9292131180445478
```

　良いですね。 また改善されたようです。 しかし、ターゲットエンコーディングは過学習が
あまりにも起こりやすいので、十分に注意しなければなりません。 ターゲットエンコーディ
ングを使用する際には、何らかの平滑化 (smoothing) [*4] を行うか、エンコーディングされ
た値にノイズを加える[*5] のが良いでしょう。 scikit-learn の contrib リポジトリには、平滑
化付きのターゲットエンコーディングがあります[*6] し、自分で平滑化を作ることもできます。
平滑化はある種の正則化を導入し、モデルの過学習を防ぐのに役立ちます。 それほど難しい
ことではありません。

　質的変数を扱うのは複雑な作業です。 さまざまな文献に、たくさんの情報が飛び交ってい
ます。 この章では、質的変数を使ったさまざまな問題に取り組むための方法を紹介しました。
ほとんどの問題では、One Hot エンコーディングとラベルエンコーディング以上の処理は必
要ないでしょう。 モデルをさらに改良するためには、もっとたくさんの処理が必要になるか
もしれません。

　ニューラルネットワークを使わずして、この章を終えることはできません。 **エンティティ
エンベッディング (entity embeddings)** と呼ばれる手法を見てみましょう。 エンティティ
エンベッディングでは、カテゴリをベクトルで表現します。 二値化や One Hot エンコーディ
ングでも、カテゴリをベクトルで表現していました。 しかし、何万ものカテゴリ数があった
らどうでしょう。 巨大な行列ができてしまい、複雑なモデルの学習に時間がかかってしまい
ます。 エンティティエンベッディングでは、float 型のベクトルでカテゴリを表現できます。

　考え方はとても単純です。 質的変数ごとに埋め込み層があります。 つまり、とある質的変
数に含まれるすべてのカテゴリは (自然言語処理で単語の埋め込み表現を獲得するように) ベ
クトル空間に埋め込まれます (図 5.6)。 次に、それぞれの埋め込みの形状を 1 次元に変換し、
すべて連結します。 最後に、いくつかの全結合層と出力層を追加して完了です。

　tensorflow.keras を使うととても簡単に実装できます。 どのように実装されるか見てみま
しょう。 本書で tensorflow.keras を使った例はこれだけですが、PyTorch への変換はとて
も簡単です (「Categorical Features Encoding Challenge II」 のデータセットを使用)。

[*4]　ターゲットエンコーディングの文脈では、たとえば登場回数が少ないカテゴ
　　　リの結果を全体の平均値に寄せていく方法が提案されています。

[*5]　たとえば、乱数に基づき値を増減させる方法があります。

[*6]　https://contrib.scikit-learn.org/category_encoders/
　　　targetencoder.html

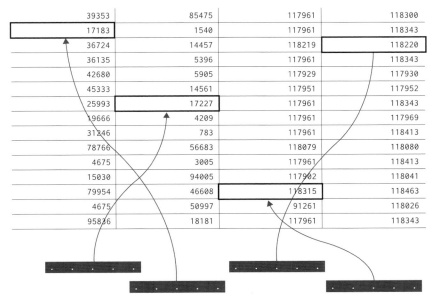

図5.6　カテゴリは、float型のベクトル空間に埋め込まれる

entity_emebddings.py

```python
import os
import gc
import joblib
import pandas as pd
import numpy as np
from sklearn import metrics, preprocessing
from tensorflow.keras import layers
from tensorflow.keras import optimizers
from tensorflow.keras.models import Model, load_model
from tensorflow.keras import callbacks
from tensorflow.keras import backend as K
from tensorflow.keras import utils


def create_model(data, catcols):
    """
    エンティティエンベッディング用の tf.keras モデルを返す関数
    :param data: pandas データフレーム
    :param catcols: 質的変数の列のリスト
    :return: tf.keras モデル
    """
    # 入力用のリストの初期化
    inputs = []
```

```python
# 出力用のリストの初期化
outputs = []

# 質的変数についてのループ
for c in catcols:
    # 列内のカテゴリ数
    num_unique_values = int(data[c].nunique())
    # 埋め込みの次元数の計算
    # カテゴリ数の半分か、50 の小さい方を次元数として採用
    # 大抵 50 は大きすぎるが、カテゴリ数が十分に大きい場合は
    # ある程度の次元数が必要になる
    embed_dim = int(min(np.ceil((num_unique_values)/2), 50))

    # keras のサイズ 1 の入力層
    inp = layers.Input(shape=(1,))

    # 埋め込み層
    # 入力のサイズは常に入力のカテゴリ数 + 1
    out = layers.Embedding(
        num_unique_values + 1, embed_dim, name=c
    )(inp)

    # 1-d spatial dropout は埋め込み層でよく使われる
    # 自然言語処理でも利用可能
    out = layers.SpatialDropout1D(0.3)(out)

    # 出力のために変形
    out = layers.Reshape(target_shape=(embed_dim, ))(out)

    # 入力をリストに格納
    inputs.append(inp)

    # 出力をリストに格納
    outputs.append(out)

# リストを結合
x = layers.Concatenate()(outputs)

# batchnorm 層の追加
# ここからは自由に構造を決められる
# 量的変数を含む場合には、ここで結合すると良い
x = layers.BatchNormalization()(x)

# ドロップアウト付きの全結合層を何層か重ねる
# 1 層か 2 層辺りから始めるのが良い
x = layers.Dense(300, activation="relu")(x)
x = layers.Dropout(0.3)(x)
x = layers.BatchNormalization()(x)

x = layers.Dense(300, activation="relu")(x)
x = layers.Dropout(0.3)(x)
```

```python
    x = layers.BatchNormalization()(x)

    # ソフトマックス関数を追加し、二値分類問題を解く
    # シグモイド関数を追加し、出力を 1 次元にする選択肢もある
    y = layers.Dense(2, activation="softmax")(x)

    # 最終的なモデル
    model = Model(inputs=inputs, outputs=y)

    # モデルの作成
    # オプティマイザは Adam、損失は二値交差エントロピー（binary cross entropy）
    # 自由に切り替えて、挙動の違いを確認してほしい
    model.compile(loss='binary_crossentropy', optimizer='adam')
    return model


def run(fold):
    # 学習用データセットの読み込み
    df = pd.read_csv("../input/cat_train_folds.csv")

    # 目的変数と fold 番号の列を除き、特徴量とする
    features = [
        f for f in df.columns if f not in ("id", "target", "kfold")
    ]

    # すべての欠損値を "NONE" で補完
    # 合わせて、すべての列を文字列型に変換
    # すべて質的変数なので問題がない
    for col in features:
        df.loc[:, col] = df[col].astype(str).fillna("NONE")

    # すべての特徴量をラベルエンコーディング
    # 新しいデータセットに対応するためには、
    # すべてのラベルエンコーダを保存しておく必要がある
    for feat in features:
        lbl_enc = preprocessing.LabelEncoder()
        df.loc[:, feat] = lbl_enc.fit_transform(df[feat].values)

    # 引数の fold 番号と一致しないデータを学習に利用
    df_train = df[df.kfold != fold].reset_index(drop=True)

    # 引数の fold 番号と一致するデータを検証に利用
    df_valid = df[df.kfold == fold].reset_index(drop=True)

    # tf.keras モデルの作成
    model = create_model(df, features)

    # 学習用と検証用データセットの準備
    xtrain = [
        df_train[features].values[:, k] for k in range(len(features))
    ]
```

```python
    xvalid = [
        df_valid[features].values[:, k] for k in range(len(features))
    ]
    # 目的変数の取り出し
    ytrain = df_train.target.values
    yvalid = df_valid.target.values

    # 目的変数の二値化
    ytrain_cat = utils.to_categorical(ytrain)
    yvalid_cat = utils.to_categorical(yvalid)

    # モデルの学習
    model.fit(xtrain,
              ytrain_cat,
              validation_data=(xvalid, yvalid_cat),
              verbose=1,
              batch_size=1024,
              epochs=3
              )

    # 検証用データセットに対する予測
    # 1 である予測値を利用
    valid_preds = model.predict(xvalid)[:, 1]

    # AUC を計算
    print(metrics.roc_auc_score(yvalid, valid_preds))

    # GPU メモリを解放するためセッションを終了
    K.clear_session()

if __name__ == "__main__":
    run(0)
    run(1)
    run(2)
    run(3)
    run(4)
```

　実行してみると、この方法で過去最高の結果が得られ、GPU があれば超高速で処理できることに気づくでしょう。 この手法はさらなる改良が可能で、ニューラルネットワークが独自に処理するため、特徴量エンジニアリングに注力する必要がありません。 大規模な質的変数を持つデータセットを扱う際には、ぜひ試してみる価値があります。 埋め込みのサイズがカテゴリの種類数と同じ場合、One Hot エンコーディングとなります。

　本章では、基本的な特徴量エンジニアリングの技法を紹介しました。 次章では、量的変数や異なる種類の特徴量の組み合わせについて、どのようにしてより多くの特徴量を作り出せるかを見てみましょう。

第 **6** 章

特徴量
エンジニアリング

　特徴量エンジニアリングは、優れた機械学習モデルを構築する上で、最も重要な処理の1つです。有用な特徴量があれば、モデルの性能は向上します。大規模で複雑なモデルを避け、単純なモデルに重要な特徴量を与えられる場面はたくさんあります。特徴量エンジニアリングは、問題の領域についてある程度の知識がある場合にのみ、可能なかぎり最善の方法で実施すべきものです。対象となるデータに大きく依存することを覚えておかなければなりません。しかし、ほとんどすべての量的変数や質的変数からの特徴量作成時に検討できる一般的な技法はいくつかあります。**特徴量エンジニアリングには、データセットから新たな特徴量を作り出すことだけでなく、さまざまな類いの正規化や変換も含みます。**

　質的変数の章では、異なる質的変数を組み合わせる方法、質的変数を登場回数に置き換える方法、ターゲットエンコーディング、埋め込み表現の使用などを見てきました。質的変数から特徴量を作り出す方法のほとんどすべてです。したがって本章では、量的変数と、量的変数と質的変数の組み合わせに限定して説明します。

　まずは最も単純でありながら、最も広く利用されている特徴量エンジニアリングの手法を紹介します。たとえば、**日付と時間のデータ**を扱っているとします。ここでは、datetime型の列を持つpandasのデータフレームを用意しました。この列を使って、次のような特徴量を作ることができます。

- Year（年）
- Week of year（年のうちの何週目か）
- Month（月）
- Day of week（曜日）
- Weekend（土日か否か）
- Hour（時間）

これらの項目は、pandasを使って非常に簡単に抽出できます。

```
df.loc[:, 'year'] = df['datetime_column'].dt.year
df.loc[:, 'weekofyear'] = df['datetime_column'].dt.weekofyear
df.loc[:, 'month'] = df['datetime_column'].dt.month
df.loc[:, 'dayofweek'] = df['datetime_column'].dt.dayofweek
df.loc[:, 'weekend'] = (df.datetime_column.dt.weekday >=5).astype(int)
df.loc[:, 'hour'] = df['datetime_column'].dt.hour
```

　datetime型の列を使って、新しい特徴量がたくさん作れます。作成される特徴量の例を見てみましょう。

```python
import pandas as pd

# 10 時間の頻度で datetime 型の列を作成
s = pd.date_range('2020-01-06', '2020-01-10', freq='10H').to_series()

# datetime 型の列から特徴量を抽出
features = {
    "dayofweek": s.dt.dayofweek.values,
    "dayofyear": s.dt.dayofyear.values,
    "hour": s.dt.hour.values,
    "is_leap_year": s.dt.is_leap_year.values,
    "quarter": s.dt.quarter.values,
    "weekofyear": s.dt.weekofyear.values
}
```

与えられた系列から特徴量の辞書を生成します。 この処理は、pandas のデータフレーム内の任意の datetime 型の列に適用できます。 pandas が提供する数多くの datetime に関する特徴量抽出機能の一部です。 datetime に関する特徴量は、店舗の売上予測問題といった時系列データを扱う際に非常に重要です。 たとえば、**集約特徴量（aggregated features）**に対して XGBoost のようなモデルを使用したい場合などです。

次のようなデータフレームがあったとします。

date	customer_id	cat1	cat2	cat3	num1
2016-09-01	146361	2	2	0	-0.518679
2017-04-01	180838	4	1	0	0.415853
2017-08-01	157857	3	3	1	-2.061687
2017-12-01	159772	5	1	1	-0.276558
2017-09-01	80014	3	2	1	-1.456827

図 6.1　質的変数と datetime 型の列を含むデータフレームの例

図 6.1 には date 列があり、年・月・四半期などの特徴量を簡単に抽出できます。 次に customer_id 列があり、1 つのインデックスが複数行にわたって存在します（スクリーンショットでは確認できません）。 それぞれの date と customer_id には、3 つの質的変数と 1 つの量的変数が紐付いています。 ここから、次のようなさまざまな特徴量を作り出せます。

- それぞれの顧客が最も活発な月
- それぞれの顧客の cat1、cat2、cat3 の登場回数
- それぞれの顧客のある週の cat1、cat2、cat3 の登場回数
- それぞれの顧客の num1 の平均値

　pandas の集約機能を使えば、このような特徴量を簡単に作れます。 その方法を見てみましょう。

```python
def generate_features(df):
    # date 列からの特徴量抽出
    df.loc[:, 'year'] = df['date'].dt.year
    df.loc[:, 'weekofyear'] = df['date'].dt.weekofyear
    df.loc[:, 'month'] = df['date'].dt.month
    df.loc[:, 'dayofweek'] = df['date'].dt.dayofweek
    df.loc[:, 'weekend'] = (df['date'].dt.weekday >=5).astype(int)

    # 集約用の辞書
    aggs = {}
    # 月と曜日を対象にした種類数と平均の算出
    aggs['month'] = ['nunique', 'mean']
    aggs['weekofyear'] = ['nunique', 'mean']
    # num1 を対象にした合計・最大・最小・平均の算出
    aggs['num1'] = ['sum','max','min','mean']
    # customer_id を対象にした登場回数の算出
    aggs['customer_id'] = ['size']
    # customer_id を対象にした種類数の算出
    aggs['customer_id'] = ['nunique']

    # customer_id を軸に集約
    agg_df = df.groupby('customer_id').agg(aggs)
    agg_df = agg_df.reset_index()
    return agg_df
```

　上記の関数では質的変数を省略していますが、他の集計値と同様に処理できます。

customer_id	month		weekofyear		customer_id	num1			
	nunique	mean	nunique	mean	size	sum	max	min	mean
0	1	2	1	5	1	0.134077	0.134077	0.134077	0.134077
1	1	7	1	26	1	0.884295	0.884295	0.884295	0.884295
2	1	9	1	35	1	-0.264433	-0.264433	-0.264433	-0.264433k
3	1	5	1	18	1	0.812872	0.812872	0.812872	0.812872
4	1	4	1	13	1	1.288514	1.288514	1.288514	1.288514
...	...	...	...	...	...	...	...	...	...
201912	1	4	1	13	1	0.362965	0.362965	0.362965	0.362965
201913	1	11	1	44	1	-0.085357	-0.085357	-0.085357	-0.085357
201914	1	8	1	31	1	1.530061	1.530061	1.530061	1.530061
201915	1	1	1	1	1	-0.600063	-0.600063	-0.600063	-0.600063
201916	1	8	1	31	1	-1.073077	-1.073077	-1.073077	-1.073077

図 6.2　集約特徴量とその他の特徴量

　得られたデータフレームを、`customer_id` 列を持つ元のデータフレームと結合して、モデルの学習を開始します（図 6.2）。 ここでは何かを予測しようとしているわけではなく、一般的な特徴量を作成しているだけです。 何かを予測しようとするのであれば、より簡単に特徴量を作成できたでしょう。

　時系列の問題を扱う際には、個々の値ではなく、値のリストが与えられる場合があります。たとえば、ある期間の顧客の取引などです。 このような場合には、量的変数を質的変数で集約したような特徴量が得られます。 次のような統計的な特徴量を作成します。

- Mean（平均）
- Max（最大）
- Min（最小）
- Unique（種類）
- Skew（歪度）
- Kurtosis（尖度）
- Kstat（K 統計量）
- Percentile（パーセンタイル）
- Quantile（分位数）
- Peak to peak（最大と最小の差）

次の Python コードに示すように、numpy 関数を使用して簡単に作成できます。

```python
import numpy as np

feature_dict = {}

# 平均
feature_dict['mean'] = np.mean(x)

# 最大
feature_dict['max'] = np.max(x)

# 最小
feature_dict['min'] = np.min(x)

# 標準偏差
feature_dict['std'] = np.std(x)

# 分散
feature_dict['var'] = np.var(x)

# 最大と最小の差
feature_dict['ptp'] = np.ptp(x)

# パーセンタイル
feature_dict['percentile_10'] = np.percentile(x, 10)
feature_dict['percentile_60'] = np.percentile(x, 60)
feature_dict['percentile_90'] = np.percentile(x, 90)

# 分位点
feature_dict['quantile_5'] = np.quantile(x, 0.05)
feature_dict['quantile_95'] = np.quantile(x, 0.95)
feature_dict['quantile_99'] = np.quantile(x, 0.99)
```

時系列データ（値のリスト）は、多くの特徴量に変換できます。

その際に役立つのが、tsfresh という Python ライブラリ です。

```python
from tsfresh.feature_extraction import feature_calculators as fc

# tsfresh による特徴量
feature_dict['abs_energy'] = fc.abs_energy(x)
feature_dict['count_above_mean'] = fc.count_above_mean(x)
feature_dict['count_below_mean'] = fc.count_below_mean(x)
feature_dict['mean_abs_change'] = fc.mean_abs_change(x)
feature_dict['mean_change'] = fc.mean_change(x)
```

これだけではありません。 tsfresh を使うと、数多くの種類の大量の時系列特徴量を生成できます。 上の例では、x は値のリストです。 これだけではありません。 質的変数の有無にかかわらず、数値データに対して作成できる特徴量は他にもたくさんあります。 多くの特徴量を生成する簡単な方法は、多項式の特徴量をたくさん作ることです。 たとえば、2 つの特徴「a」と「b」から 2 次の多項式特徴量を作ると「a」「b」「ab」「a^2」「b^2」といった値が得られます。

```python
import numpy as np

# 2列100行のデータフレームを作成
df = pd.DataFrame(
    np.random.rand(100, 2),
    columns=[f"f_{i}" for i in range(1, 3)]
)
```

図 6.3 に示すようなデータフレームが得られます。

f_1	f_2
0.118305	0.648567
0.503417	0.117854
0.067735	0.158106
0.907574	0.436235
0.134100	0.824813

図 6.3　2 つの量的変数を持つランダムなデータフレーム

scikit-learn の PolynomialFeatures を使って、2 次の多項式特徴量を作成しましょう。

```python
from sklearn import preprocessing

# 2次の多項式特徴量を作成するための設定
pf = preprocessing.PolynomialFeatures(
    degree=2,
    interaction_only=False,
    include_bias=False
)
```

```
# 特徴量を学習
pf.fit(df)

# 変換
poly_feats = pf.transform(df)

# データフレームの作成
num_feats = poly_feats.shape[1]
df_transformed = pd.DataFrame(
    poly_feats,
    columns=[f"f_{i}" for i in range(1, num_feats + 1)]
)
```

　図 6.4 のようなデータフレームが得られます。

f_1	f_2	f_3	f_4	f_5
0.118305	0.648567	0.013996	0.076729	0.420639
0.503417	0.117854	0.253429	0.059330	0.013890
0.067735	0.158106	0.004588	0.010709	0.024997
0.907574	0.436235	0.823691	0.395916	0.190301
0.134100	0.824813	0.017983	0.110608	0.680317

図 6.4　多項式の特徴量を持つデータフレームの例

　ここまでで、いくつかの多項式の特徴量ができました。3 次多項式の特徴量を作成すると、合計 9 つの特徴量になります。特徴量の数が多ければ多いほど、多項式特徴量の数も多くなります。データセットのサンプル数が多い場合は、このような特徴量を作成するのに時間がかかることに注意しましょう。

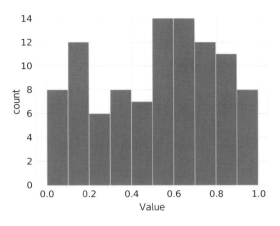

図6.5　量的変数の列のヒストグラム

　もう1つの興味深い特徴量は、数値をカテゴリに変換することです。これは**ビン化（binning）**と呼ばれています。図6.5を見てみましょう。これは、ランダムな量的変数のヒストグラムの例です。この図では10個のビンを使い、データを10個に分割しています。pandasのcut関数を使って実現しています。

```
# 量的変数の列を10つのビンに分割
df["f_bin_10"] = pd.cut(df["f_1"], bins=10, labels=False)
# 量的変数の列を100つのビンに分割
df["f_bin_100"] = pd.cut(df["f_1"], bins=100, labels=False)
```

　図に示すように、データフレーム内に2つの新しい特徴量が生成されます。

f_1	f_2	f_bin_10	f_bin_100
0.143246	0.286327	1	12
0.421268	0.967212	4	41
0.224104	0.075204	2	21
0.859183	0.651964	8	86
0.082291	0.669589	0	6

図6.6　量的変数のビン化

　ビン化した後と、元の特徴量の両方を使うことができます。特徴量選択については、本章の後半でもう少し詳しく説明します。**ビン化することで、量的変数を質的変数のように扱え**

ます。

　量的変数から作成できる特徴量として、対数変換があります。　図 6.7 の特徴量 f_3 を見て
みましょう。

f_1	f_2	f_bin_10	f_bin_100	f_3
0.143246	0.286327	1	12	8048
0.421268	0.967212	4	41	7433
0.224104	0.075204	2	21	2289
0.859183	0.651964	8	86	1153
0.082291	0.669589	0	6	2201

図 6.7　分散が大きい特徴量の例

　f_3 は、分散が非常に大きい特別な特徴量です。　分散が小さい他の特徴量と比べてみましょ
う。　対数変換をすることで、この列の分散を減らすことが可能になります。

　列 f_3 は 0 から 10000 の範囲で値を取り、ヒストグラムは図 6.8 のとおりです。

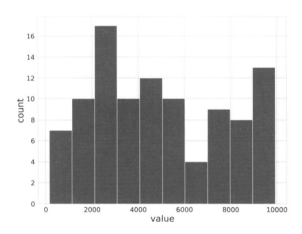

図 6.8　特徴量 f_3 のヒストグラム

　この列に log(1 + x) を適用すると、分散が小さくなります。　図 6.9 は、対数変換を適用し
た際のヒストグラムを示しています。

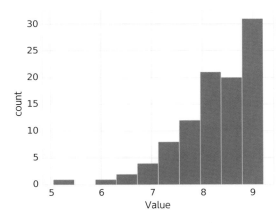

図 6.9　対数変換を施した f_3 のヒストグラム

対数変換をしない場合とした場合の分散を見てみましょう。

```
In [X]: df.f_3.var()
Out[X]: 8077265.875858586

In [X]: df.f_3.apply(lambda x: np.log(1 + x)).var()
Out[X]: 0.6058771732119975
```

　対数の代わりに指数を使うこともできます。 非常に興味深いのは、たとえば RMSLE のような対数に基づく評価指標を使用している場合です。 このとき、対数変換された目的変数で学習し予測時に指数を使って元に戻すことで、評価指標に合わせてモデルを最適化できます。
　こういった数値的な特徴量は、ほとんどの場合、直感的に作られます。 公式はありません。どの業界にも、業界特有の特徴量が存在していることでしょう。
　質的変数と量的変数の両方を扱っていると、欠損値に遭遇することがあります。 前章では質的変数で欠損値を処理する方法をいくつか紹介しましたが、欠損値を処理する方法は他にもたくさんあります。 このような処理も特徴量エンジニアリングとみなせます。
　質的変数については、非常に素直に考えましょう。 **欠損値が発生した場合、新しいカテゴリとして扱います。** 単純ですが、（ほとんど）常にうまくいきます。
　量的変数の欠損値を埋める方法の 1 つとして、その特徴量に現れない値を使う方法があります。 たとえば 0 が登場しない場合に、0 で補完するといった具合です。 1 つの方法ではありますが、最も効果的ではないかもしれません。 量的変数の場合、0 を埋めるよりも効果的な方法の 1 つは、平均値で埋めることです。 中央値を使って、最も一般的な値で欠損値を埋めるなど、さまざまな方法があります。

　欠損値を埋める一風変わった方法としては、**k近傍法(k-nearest neighbour)**があります。欠損値を含むサンプルに対して、ユークリッド距離などのある種の距離指標を用いて近傍を見つけられます。k個の近傍の平均を取ることで、欠損値を埋めることが可能です。このように、欠損値を埋めるためにk近傍法が使用できます。

```
[ 4., nan, 10., nan, 10., 11.]
[14.,  2., 14.,  6., 10., 14.]
[ 7.,  6., 12.,  8.,  6.,  2.]
[nan, 14., nan,  1.,  2.,  5.]
[ 1.,  7.,  6., 13., 14.,  9.]
[10.,  2., 14., nan, nan,  1.]
[ 3., 14.,  3.,  7., 13.,  9.]
[11., nan,  1., nan,  4.,  7.]
[ 4.,  8.,  2.,  2.,  6., nan]
[ 2., nan, 13.,  9.,  2., 12.]
```

図6.10　欠損値を含む2次元配列

　図6.10のような欠損値を含む行列がKNNImputerでどのように処理されるかを見てみましょう。

```python
import numpy as np
from sklearn import impute

# 1 から 15 の値をランダムに取る 6 列 10 行の行列を作成
X = np.random.randint(1, 15, (10, 6))

# 値を float 型に変換
X = X.astype(float)

# ランダムに 10 個を欠損値にする
X.ravel()[np.random.choice(X.size, 10, replace=False)] = np.nan

# 2 つの近傍を利用して欠損値を補完
knn_imputer = impute.KNNImputer(n_neighbors=2)
knn_imputer.fit_transform(X)
```

図 6.11 に示すように、上記の行列の欠損値が補完されます。

```
[ 4. , 10.5, 10. , 10. , 10. , 11. ]
[14. ,  2. , 14. ,  6. , 10. , 14. ]
[ 7. ,  6. , 12. ,  8. ,  6. ,  2. ]
[ 7.5, 14. ,  1.5,  1. ,  2. ,  5. ]
[ 1. ,  7. ,  6. , 13. , 14. ,  9. ]
[10. ,  2. , 14. ,  7. ,  8. ,  1. ]
[ 3. , 14. ,  3. ,  7. , 13. ,  9. ]
[11. , 11. ,  1. ,  1.5,  4. ,  7. ]
[ 4. ,  8. ,  2. ,  2. ,  6. ,  6. ]
[ 2. , 10. , 13. ,  9. ,  2. , 12. ]
```

図 6.11：KNNImputer で補完された行列

　列の欠損値を補完するもう 1 つの方法は、他の列の情報に基づいて値を予測する回帰モデルを学習することです。 欠損値を含む 1 つの列を目的変数として扱い、他のすべての列を使用して当該列に欠損値がないサンプルでモデルを学習し、欠損値を持つサンプルの値を予測します。 この方法で、より頑健な方法で欠損値を補完できます。

　決定木系の一部のモデルでは、欠損値を処理する機構が備わっているので、補完が不要な場合もあります。

　ここまでご紹介したのは、一般的な特徴量エンジニアリングの技法の一部です。 ここで、異なる商品の店舗売上を（週または月ごとに）予測する問題を考えます。 商品もあれば、店舗インデックスもあります。 つまり、店舗ごとの商品のような特徴量を作ることができるのです。 これは本章で説明していない特徴量の 1 つです。 この手の特徴量は一般化できず、純粋にドメイン、データ、ビジネスに関する知識から生まれます。 データを見て、何が当てはまるかを確認し、特徴量を作成します。 ロジスティック回帰のような線形モデルやサポートベクターマシンのようなモデルを使用している場合は、特徴量の標準化や正規化を忘れないでください。 決定木系のモデルは、特徴量を正規化しなくても問題なく動作します。

第 **7** 章

特徴量選択

　たくさんの特徴量を作り終えたら、今度はいくつかを選ぶ番です。 まず、役に立たない特徴量を何十万個も作るべきではありません。 特徴量が多すぎると、次元の呪いと呼ばれる問題が発生します。 特徴量が多い場合、すべての特徴量の情報を捉えるためには、たくさんの学習用のサンプルを用意しなければなりません。 何をもって「多い」かを正確に定義することは不可能で、モデルを適切に検証し学習にかかる時間を確認しながら判断してください。

　特徴量選択の最も単純な方法は、**非常に小さい分散（variance）を持つ特徴量の削除**です。 分散が非常に小さい（つまり 0 に近い）場合、その特徴量は一定に近いため、どのモデルに対しても付加価値がありません。 このような特徴量を除外できれば、複雑さを軽減できます。 分散は、データの正規化・標準化の影響も受けることに注意してください。 scikit-learn には VarianceThreshold の実装があり、まさにここで述べた処理を実現しています。

```
from sklearn.feature_selection import VarianceThreshold
data = ...
var_thresh = VarianceThreshold(threshold=0.1)
transformed_data = var_thresh.fit_transform(data)
# 変換後のデータでは、分散が 0.1 より小さい特徴量を削除
```

　相関の高い特徴量を削除することもできます。 異なる量的変数間の相関を計算するには、**ピアソンの相関係数（Pearson correlation）**が使えます。

```
import pandas as pd
from sklearn.datasets import fetch_california_housing

# 回帰問題のデータセットを読み込み
data = fetch_california_housing()
X = data["data"]
col_names = data["feature_names"]
y = data["target"]

# pandas データフレームに変換
df = pd.DataFrame(X, columns=col_names)
# 相関の高い特徴量を作成
df.loc[:, "MedInc_Sqrt"] = df.MedInc.apply(np.sqrt)

# ピアソン相関行列の表示
df.corr()
```

　図 7.1 に示すような相関行列が得られます。

	MedInc	HouseAge	AveRooms	AveBedrms	Population	AveOccup	Latitude	Longitude	MedInc_Sqrt
MedInc	1.000000	-0.119034	0.326895	-0.062040	0.004834	0.018766	-0.079809	-0.015176	0.984329
HouseAge	-0.119034	1.000000	-0.153277	-0.077747	-0.296244	0.013191	0.011173	-0.108197	-0.132797
AveRooms	0.326895	-0.153277	1.000000	0.847621	-0.072213	-0.004852	0.106389	-0.027540	0.326688
AveBedrms	-0.062040	-0.077747	0.847621	1.000000	-0.066197	-0.006181	0.069721	0.013344	-0.066910
Population	0.004834	-0.296244	-0.072213	-0.066197	1.000000	0.069863	-0.108785	0.099773	0.018415
AveOccup	0.018766	0.013191	-0.004852	-0.006181	0.069863	1.000000	0.002366	0.002476	0.015266
Latitude	-0.079809	0.011173	0.106389	0.069721	-0.108785	0.002366	1.000000	-0.924664	-0.084303
Longitude	-0.015176	-0.108197	-0.027540	0.013344	0.099773	0.002476	-0.924664	1.000000	-0.015569
MedInc_Sqrt	0.984329	-0.132797	0.326688	-0.066910	0.018415	0.015266	-0.084303	-0.015569	1.000000

図 7.1　ピアソン相関行列の例

　MedInc_Sqrt という特徴量は、MedInc と非常に高い相関があると分かります。そのため、どちらか 1 つを削除できます。

　ここからは、**単変量特徴量選択（univariate feature selection）** の方法について説明します。単変量特徴量選択とは、与えられた目的変数の情報を用いて各特徴量を評価することに他なりません。**相互情報量（Mutual information）**、**分散分析（ANOVA F-test）**、**カイ二乗検定（chi²）** などが、最も一般的な方法です。scikit-learn で使用するには 2 つの方法があります。

- SelectKBest：上位 k 個の特徴量を保持
- SelectPercentile：ユーザが指定した割合で上位の特徴量を保持

　注意しなければならないのは、カイ二乗検定を使用できるのは、非負の性質を持つデータに限られるということです。自然言語処理において bag-of-words や TF-IDF で作成された特徴量がある場合に、特に有効な特徴量選択手法です。単変量特徴量選択のためのラッパークラスを作成し、ほとんどすべての新しい問題に使用できるようにするのが最善です。

```
from sklearn.feature_selection import chi2
from sklearn.feature_selection import f_classif
from sklearn.feature_selection import f_regression
from sklearn.feature_selection import mutual_info_classif
from sklearn.feature_selection import mutual_info_regression
from sklearn.feature_selection import SelectKBest
from sklearn.feature_selection import SelectPercentile


class UnivariateFeatureSelction:
    def __init__(self, n_features, problem_type, scoring):
        """
        scikit-learn の複数の手法に対応した
```

```
    単変量特徴量選択のためのラッパークラス
    :param n_features: float 型の場合は SelectPercentile で、
    : それ以外のときは SelectKBest を利用
    :param problem_type: 分類か回帰か
    :param scoring: 単変量特徴量の手法名、文字列型
    """
    # 指定された問題の種類に対応している手法
    # 自由に拡張できる
    if problem_type == "classification":
        valid_scoring = {
            "f_classif": f_classif,
            "chi2": chi2,
            "mutual_info_classif": mutual_info_classif
        }
    else:
        valid_scoring = {
            "f_regression": f_regression,
            "mutual_info_regression": mutual_info_regression
        }

    # 手法が対応していない場合の例外の発生
    if scoring not in valid_scoring:
        raise Exception("Invalid scoring function")

    # n_features が int 型の場合は SelectKBest、
    # float 型の場合は SelectPercentile を利用
    # float 型の場合も int 型に変換
    if isinstance(n_features, int):
        self.selection = SelectKBest(
            valid_scoring[scoring],
            k=n_features
        )
    elif isinstance(n_features, float):
        self.selection = SelectPercentile(
            valid_scoring[scoring],
            percentile=int(n_features * 100)
        )
    else:
        raise Exception("Invalid type of feature")

# fit 関数
def fit(self, X, y):
    return self.selection.fit(X, y)

# transform 関数
def transform(self, X):
    return self.selection.transform(X)

# fit_transform 関数
```

```
    def fit_transform(self, X, y):
        return self.selection.fit_transform(X, y)
```

使い方はとても簡単です。

```
ufs = UnivariateFeatureSelction(
    n_features=0.1,
    problem_type="regression",
    scoring="f_regression"
)
ufs.fit(X, y)
X_transformed = ufs.transform(X)
```

　このクラスで、単変量特徴量選択のほとんどの手法に対応できるはずです。 なお、そもそも何百もの特徴量を作るよりも、少数の重要な特徴量を作る方が良い場合が多いです。 単変量特徴量選択は、いつもうまくいくとは限りません。 ほとんどの場合、機械学習モデルを使った特徴量選択が好まれます。 具体的な手順を見てみましょう。

　特徴量選択のためにモデルを使用する最も単純な方法は、**貪欲法（greedy feature selection）**です。 最初にモデル・損失・評価指標を選択します。 その後、各特徴量を繰り返し評価し、損失や評価指標が改善された場合に「有用な」特徴量のリストに追加します。 これ以上に素朴な方法はありません。 しかし、これが貪欲な特徴量選択として知られているのには理由があることを覚えておく必要があります。 この手法では、特徴量を評価するたびにモデルを学習します。 計算コストが非常に高くなり、特徴量選択の終了までには、多くの時間がかかります。 適切に使用しないと、モデルを過学習させてしまう可能性もあります。

　その仕組みを、実装を見ながら説明します。

greedy.py

```
import pandas as pd

from sklearn import linear_model
from sklearn import metrics
from sklearn.datasets import make_classification


class GreedyFeatureSelection:
    """
    貪欲法による特徴量選択のクラス
    対象のデータセットに適用するためには微修正が必要
    """
    def evaluate_score(self, X, y):
```

```
            """
            モデルを学習し AUC を計算する関数
            学習と AUC の計算に同じデータセットを使っているのに注意
            過学習しているが、貪欲法の 1 つの実装方法でもある
            交差検証とすると、分割数倍の時間がかかる

            もし真に正しい方法で実装したい場合は、交差検証で AUC を計算する必要がある
            既に本書で何度か示している方法で実装できる

            :param X: 学習用データセット
            :param y: 目的変数
            :return: AUC
            """
            # ロジスティック回帰モデルを学習し、同じデータセットに対する AUC を計算
            # 再掲：データセットに適したモデルに変更可能
            model = linear_model.LogisticRegression()
            model.fit(X, y)
            predictions = model.predict_proba(X)[:, 1]
            auc = metrics.roc_auc_score(y, predictions)
            return auc

    def _feature_selection(self, X, y):
            """
            貪欲法による特徴量選択のための関数
            :param X: numpy 配列の特徴量
            :param y: numpy 配列の目的変数
            :return: (最も良いスコア, 選ばれた特徴量)
            """
            # スコアと選ばれた特徴量を格納するリストの初期化
            good_features = []
            best_scores = []

            # 特徴量の数
            num_features = X.shape[1]

            # ループの初期化
            while True:
                # 最も良い特徴量とスコアの初期化
                this_feature = None
                best_score = 0

                # 各特徴量についてのループ
                for feature in range(num_features):
                    # 既に選ばれた特徴量のリストに含まれている場合は処理しない
                    if feature in good_features:
                        continue
                    # 既存のリストに新しい特徴量を追加
                    selected_features = good_features + [feature]
                    # 対象としない特徴量を削除
```

```
                        xtrain = X[:, selected_features]
                        # スコアを計算（今回の場合は AUC）
                        score = self.evaluate_score(xtrain, y)
                        # これまでのスコアより良い場合は、暫定のスコアと特徴量のリストを更新
                        if score > best_score:
                            this_feature = feature
                            best_score = score

                    # スコアと特徴量をリストに追加
                    if this_feature != None:
                        good_features.append(this_feature)
                        best_scores.append(best_score)

                    # 直前の反復で改善しなかった場合には、ループ処理を終了
                    if len(best_scores) > 2:
                        if best_scores[-1] < best_scores[-2]:
                            break
            # 最も良いスコアと選ばれた特徴量を返す
            # なぜリストの最後の値を除いているか。
            return best_scores[:-1], good_features[:-1]

        def __call__(self, X, y):
            """
            引数を与えて関数を呼び出した際の処理
            """
            # 特徴量選択
            scores, features = self._feature_selection(X, y)
            # 選ばれた特徴量とスコアを返す
            return X[:, features], scores

if __name__ == "__main__":
    # 二値分類用のデータセットの生成
    X, y = make_classification(n_samples=1000, n_features=100)

    # 貪欲法による特徴量選択
    X_transformed, scores = GreedyFeatureSelection()(X, y)
```

　この実装における特徴量選択の関数は、スコアと選ばれた特徴量のインデックスのリスト
を返します。 図 7.2 に、反復（iteration）ごとに新しい特徴量を追加してスコアが改善して
いく様子を示します。 ある時点を境にスコアを向上できなくなり、処理が止まっていること
が読み取れます。

　もう１つの貪欲な方法に、**再帰的特徴量削減（recursive feature elimination、RFE）**と
呼ばれる手法があります。 前述の方法では特徴量を１つずつ追加していきましたが、再帰的
特徴量削減ではすべての特徴量から始めて、反復するたびにモデルに最も寄与しない特徴量
を１つずつ削除していきます。 しかし、どの特徴量が最も価値がないかは、どのようにして

分かるのでしょうか。 線形サポートベクターマシンやロジスティック回帰のようなモデルでは、各特徴量の重要度を決定する係数が得られます。 決定木系のモデルの場合は、係数の代わりに特徴量の重要度が得られます。 必要な特徴量数に達するまで、各反復で最も重要でない特徴量を除外し続けられます。 つまり、いくつの特徴量を残すかを決められます。

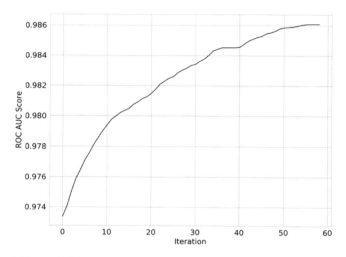

図 7.2　貪欲法による特徴量選択において、新しい特徴量を追加した場合の AUC の変化

　再帰的特徴量削減の際には、各反復で特徴量の重要度が小さく、係数が 0 に近い特徴量を除去します。 ロジスティック回帰のようなモデルを二値分類に使用する場合、特徴量の係数は正のクラスにとって重要であれば正、負のクラスにとって重要であれば負の値になることを覚えておいてください。 貪欲法による特徴量選択クラスを修正して、再帰的特徴量削減のための新しいクラスを作るのはとても簡単ですが、scikit-learn で提供されている実装が利用できます。

　簡単な使い方を次の例で示します。

```
import pandas as pd

from sklearn.feature_selection import RFE
from sklearn.linear_model import LinearRegression
from sklearn.datasets import fetch_california_housing
```

```python
# 回帰問題用のデータセットを読み込み
data = fetch_california_housing()
X = data["data"]
col_names = data["feature_names"]
y = data["target"]

# 初期化
model = LinearRegression()
# 再帰的特徴量削減用のクラスの初期化
rfe = RFE(
    estimator=model,
    n_features_to_select=3
)

# モデルの学習
rfe.fit(X, y)

# データセットの変換
X_transformed = rfe.transform(X)
```

　ここまで、モデルを用いて特徴量を選択する 2 つの貪欲な方法を確認しました。 しかし、モデルを学習し**特徴量の係数や重要度を用いて一挙に特徴量を選ぶこともできます。** 係数を使う場合は閾値を選択し、特徴量を採用するか否かを決められます。

　ランダムフォレストのようなモデルから、どのように特徴量の重要度を得るかを見てみましょう。

```python
import pandas as pd
from sklearn.datasets import load_diabetes
from sklearn.ensemble import RandomForestRegressor

# 回帰問題用のデータセットを読み込み
# 1 年後の糖尿病の進行度合いをいくつかの特徴量から予測
data = load_diabetes()
X = data["data"]
col_names = data["feature_names"]
y = data["target"]

# 初期化
model = RandomForestRegressor()

# モデルの学習
model.fit(X, y)
```

ランダムフォレスト（または任意のモデル）の特徴量の重要度は、次のように可視化できます。

```
importances = model.feature_importances_idxs = np.argsort(importances)
plt.title('Feature Importances')
plt.barh(range(len(idxs)), importances[idxs], align='center')
plt.yticks(range(len(idxs)), [col_names[i] for i in idxs])
plt.xlabel('Random Forest Feature Importance')
plt.show()
```

図 7.3 のように可視化されました。

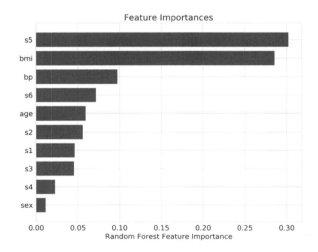

図 7.3　特徴量の重要度の可視化

さて、モデルから最適な特徴量を選択することは何も新しい考え方ではありません。 ある
モデルで特徴量を選び、別のモデルを使って学習するもできます。 たとえば、ロジスティッ
ク回帰の係数を使って特徴量を選択し、ランダムフォレストを使ってモデルを学習できます。
scikit-learn には SelectFromModel クラスがあり、与えられたモデルで直接特徴量を選べ
ます。 必要に応じて特徴量の係数や重要度の閾値を指定したり、選択したい特徴量の最大数
を指定したりできます。

次のコードでは、SelectFromModel の標準のパラメータを使って特徴量を選択していま
す。

```python
import pandas as pd
from sklearn.datasets import load_diabetes
from sklearn.ensemble import RandomForestRegressor
from sklearn.feature_selection import SelectFromModel

# 回帰問題用のデータセットを読み込み
# 1年後の糖尿病の進行度合いをいくつかの特徴量から予測
data = load_diabetes()
X = data["data"]
col_names = data["feature_names"]
y = data["target"]

# 初期化
model = RandomForestRegressor()

# 特徴量選択
sfm = SelectFromModel(estimator=model)
X_transformed = sfm.fit_transform(X, y)

# 選ばれた特徴量
support = sfm.get_support()

# 特徴量名を表示
print([
    x for x, y in zip(col_names, support) if y == True
])
```

上記を実行すると［‘bmi’，‘s5’］と表示されます。図 7.3 を見ると、これらは上位 2
つの特徴量であると分かります。このように、ランダムフォレストが提供する特徴量の重要
度から直接選択することも可能でした。もう 1 つ、**L1（Lasso）罰則項**付きモデルを使った
特徴量選択についても補足しておきます。正則化に L1 罰則項を用いた場合、ほとんどの係
数は 0（または 0 に近い値）となり、0 ではない係数を持つ特徴量を選択します。コードのラ
ンダムフォレストを、たとえばラッソ回帰（lasso regression）など L1 罰則項を持つモデル
に置き換えるだけで実現できます。決定木系のモデルはすべて特徴量の重要度を提供してい
るので、本章で紹介したモデルを利用するコードでは XGBoost・LightGBM・CatBoost を
利用できます。特徴量の重要度を呼び出す関数の名前が異なり、異なる形式で結果が得られ
るかもしれませんが、使い方は同じです。最終的に特徴量を選択する際には、注意が必要です。
学習用データセットで特徴量を選択し、別のデータセットでモデルを検証することで、モデ
ルを過学習させずに適切な特徴量を選択できます。

第 **8** 章

ハイパーパラメータの
最適化

　優れたモデルを作るには、最高のスコアを得るためのハイパーパラメータの最適化という大きな問題があります。　では、ハイパーパラメータの最適化とは何でしょうか。　たとえば、機械学習プロジェクトの一連の処理を考えます。　データセットがあり、モデルを直接適用して、結果が得られます。　ここでモデルが持つパラメータはハイパーパラメータと呼ばれ、モデルの学習を制御します。　確率的勾配降下法を使って線形回帰モデルを学習する場合、モデルのパラメータは傾きと切片で、ハイパーパラメータは学習率です。　本章および本書では、これらの用語を互換的に使用していることに気づくでしょう。　モデルには3つのパラメータa、b、c があり、1 から 10 までの整数値を取るとします。　これらのパラメータを「正しく」組み合わせれば、最良の結果が得られます。　つまり、スーツケースに3つのダイヤル式の鍵が付いているようなものです。ダイヤル式の鍵の例では正解の組み合わせは1つだけですが、パラメータの場合は正解がたくさんあります。　では、どのようにして最適なパラメータを見つけるのでしょうか。　1つの考え方として、すべての組み合わせを試し、どの組み合わせが評価指標を向上させるかを確認する方法があります。　具体的な処理を見てみましょう。

```python
# 暫定の最良の正答率を 0 に設定
# loss を評価指標にする場合は、無限大（np.inf）を初期値にする
best_accuracy = 0
best_parameters = {"a": 0, "b": 0, "c": 0}

# a、b、c のそれぞれの値についてのループ
for a in range(1, 11):
    for b in range(1, 11):
        for c in range(1, 11):
            # 初期化
            model = MODEL(a, b, c)
            # モデルの学習
            model.fit(training_data)
            # 検証用データセットに対する予測
            preds = model.predict(validation_data)
            # 正答率の計算
            accuracy = metrics.accuracy_score(targets, preds)
            # 暫定の正答率より良ければ、パラメータを保存
            if accuracy > best_accuracy:
                best_accuracy = accuracy
                best_parameters["a"] = a
                best_parameters["b"] = b
                best_parameters["c"] = c
```

　このコードでは、1 から 10 までのすべての値について調べます。　合計 1000（10 × 10 × 10）回、モデルを学習することになります。　モデルの学習には長い時間がかかります。　今回の例では問題ないかもしれませんが、現実のパラメータは3つだけではなく、各パラメータの取り得る値も 10 個だけではありません。　ほとんどのモデルのパラメータはいくつもの値

を取るので、異なるパラメータの組み合わせは無限にあり得ます。

scikit-learn のランダムフォレストモデルを見てみましょう。

```
RandomForestClassifier(
    n_estimators=100,
    criterion='gini',
    max_depth=None,
    min_samples_split=2,
    min_samples_leaf=1,
    min_weight_fraction_leaf=0.0,
    max_features='auto',
    max_leaf_nodes=None,
    min_impurity_decrease=0.0,
    min_impurity_split=None,
    bootstrap=True,
    oob_score=False,
    n_jobs=None,
    random_state=None,
    verbose=0,
    warm_start=False,
    class_weight=None,
    ccp_alpha=0.0,
    max_samples=None,
)
```

19 個のパラメータがあり、すべての値の組み合わせは、無限大になります。通常、資源と時間の限界があるので、パラメータの格子状の組み合わせ（**グリッド**）を具体的に指定します。このグリッドを検索して、最適なパラメータの組み合わせを見つけることを**グリッドサーチ (grid search)** といいます。たとえば、n_estimators には 100、200、250、300、400、500、max_depth には 1、2、5、7、11、15、criterion にはジニ係数 (gini) やエントロピー (entropy) などを指定します。これらのパラメータはそれほど多くないように見えるかもしれませんが、データセットがあまりにも大きい場合は、計算に多くの時間がかかります。先ほどと同じように 3 つの for ループを作り、検証用データセットでスコアを計算することで、グリッドサーチを実行できます。k-fold 交差検証を行う場合は、さらに多くのループが必要で、完璧なパラメータを見つけるためにはさらに多くの時間が必要となります。これらの理由から、グリッドサーチはあまり一般的ではありません。**携帯電話の性能から価格帯を予測する**という題材で、具体的な方法を見てみましょう。

battery_power	blue	clock_speed	dual_sim	fc	four_g	int_memory	m_dep	price_range
842	0	2.2	0	1	0	7	0.6	1
1021	1	0.5	1	0	1	53	0.7	2
563	1	0.5	1	2	1	41	0.9	2
615	1	2.5	0	0	0	10	0.8	2
1821	1	1.2	0	13	1	44	0.6	1
...	...	...	...	...	...	...	...	...
794	1	0.5	1	0	0	2	0.8	0
1965	1	2.6	1	0	0	39	0.2	2

図 8.1　携帯電話の価格データセットの例[1]

　デュアル SIM（dual_sim）やバッテリ残量（battery_power）などの 20 の特徴量と、0 から 3 までの 4 つのカテゴリを持つ価格帯（price_range）があります（図 8.1）。 学習用データセットには 2000 個のサンプルしかありません。 正答率を評価指標として、stratified k-fold 交差検証で簡単に性能を検証できます。 次のコードでは、ランダムフォレストモデルを使用し、前述のパラメータの範囲でグリッドサーチをどのように行うか見てみます。

rf_grid_search.py

```python
import numpy as np
import pandas as pd

from sklearn import ensemble
from sklearn import metrics
from sklearn import model_selection

if __name__ == "__main__":
    # 学習用データセットの読み込み
    df = pd.read_csv("../input/mobile_train.csv")

    # 特徴量には price_range 以外のすべての列を利用
    # インデックス列はない
    X = df.drop("price_range", axis=1).values
    # 目的変数の準備
    y = df.price_range.values

    # モデルの定義
```

＊1　https://www.kaggle.com/iabhishekofficial/mobile-price-classification

```python
# ランダムフォレストを n_jobs=-1 という設定で利用
# n_jobs=-1 はすべて使うという意味
classifier = ensemble.RandomForestClassifier(n_jobs=-1)

# パラメータの探索範囲
# 辞書もしくはパラメータのリストの辞書
param_grid = {
    "n_estimators": [100, 200, 250, 300, 400, 500],
    "max_depth": [1, 2, 5, 7, 11, 15],
    "criterion": ["gini", "entropy"]
}

# グリッドサーチの初期化
# estimator はモデル
# param_grid は対象とするパラメータ
# 評価指標は正答率で、独自の評価指標の定義も可能
# verbose で大きい値を設定すると、より詳細に出力される
# cv=5 はデータセットを 5 つに分割するという意味
# (stratified k-fold 交差検証ではない)
model = model_selection.GridSearchCV(
    estimator=classifier,
    param_grid=param_grid,
    scoring="accuracy",
    verbose=10,
    n_jobs=1,
    cv=5
)

# モデルを学習し、スコアを表示
model.fit(X, y)
print(f"Best score: {model.best_score_}")

print("Best parameters set:")
best_parameters = model.best_estimator_.get_params()
for param_name in sorted(param_grid.keys()):
    print(f"\t{param_name}: {best_parameters[param_name]}")
```

たくさん出力が得られますが、最後の数行を見てみましょう。

```
[CV] criterion=entropy, max_depth=15, n_estimators=500, score=0.895, total=    1.0s
[CV] criterion=entropy, max_depth=15, n_estimators=500 ...............
[CV] criterion=entropy, max_depth=15, n_estimators=500, score=0.890, total=    1.1s
[CV] criterion=entropy, max_depth=15, n_estimators=500 ...............
[CV] criterion=entropy, max_depth=15, n_estimators=500, score=0.910, total=    1.1s
[CV] criterion=entropy, max_depth=15, n_estimators=500 ...............
[CV] criterion=entropy, max_depth=15, n_estimators=500, score=0.880, total=    1.1s
[CV] criterion=entropy, max_depth=15, n_estimators=500 ...............
```

```
[CV] criterion=entropy, max_depth=15, n_estimators=500, score=0.870, total=   1.1s
[Parallel(n_jobs=1)]: Done 360 out of 360 ¦ elapsed:  3.7min finished
Best score: 0.889
Best parameters set:
    criterion: 'entropy'
    max_depth: 15
    n_estimators: 500
```

　最終的に、5 分割の交差検証での正答率は 0.889 で、グリッドサーチで得られた最適なパラメータも表示されています。 次に良いと思われるのが**ランダムサーチ（random search）**です。 ランダムサーチでは、パラメータの組み合わせをランダムに選択し、交差検証のスコアを計算します。 すべてのパラメータの組み合わせを評価するわけではないので、グリッドサーチよりも時間がかかりません。 モデルを何回評価するかを選択し、検索にかかる時間を決めます。 コードは、上記とあまり変わりません。 GridSearchCV の代わりに、RandomizedSearchCV を使用しています。

rf_random_search.py

```
.
.
.

if __name__ == "__main__":
    .
    .
    .
    # モデルの定義
    # ランダムフォレストを n_jobs=-1 という設定で利用
    # n_jobs=-1 はすべてのコアを使うという意味
    classifier = ensemble.RandomForestClassifier(n_jobs=-1)

    # パラメータの探索範囲
    # 辞書もしくはパラメータのリストの辞書
    param_grid = {
        "n_estimators": np.arange(100, 1500, 100),
        "max_depth": np.arange(1, 31),
        "criterion": ["gini", "entropy"]
    }
    # ランダムサーチの初期化
    # estimator はモデル
    # param_distributions は対象とするパラメータ
    # 評価指標は正答率で、独自の評価指標の定義も可能
    # verbose で大きい値を設定すると、より詳細に出力される
    # cv=5 はデータセットを 5 つに分割するという意味
    # （stratified k-fold 交差検証ではない）
```

```
# n_iter は反復回数
# param_distributions がパラメータのリストの辞書の場合、
# 非復元ランダムサンプリングを実施
# param_distributions が分布の場合、復元ランダムサンプリングを実施
model = model_selection.RandomizedSearchCV(
    estimator=classifier,
    param_distributions=param_grid,
    n_iter=20,
    scoring="accuracy",
    verbose=10,
    n_jobs=1,
    cv=5
)

# モデルを学習し、スコアを表示
model.fit(X, y)
print(f"Best score: {model.best_score_}")

print("Best parameters set:")
best_parameters = model.best_estimator_.get_params()
for param_name in sorted(param_grid.keys()):
    print(f"\t{param_name}: {best_parameters[param_name]}")
```

ランダムサーチのためにパラメータの探索範囲を変更したところ、少しだけ結果が改善されたようです。

```
Best score: 0.8905
Best parameters set:
    criterion: entropy
    max_depth: 25
    n_estimators: 300
```

　反復回数が少なければ、グリッドサーチよりもランダムサーチの方が速いです。 この2つを使えば、scikit-learn の標準である fit 関数と predict 関数がある任意のモデルで最適な（？）パラメータを見つけられます。 時には、pipeline を使いたいこともあるでしょう。 たとえば、多クラス分類問題を扱っているとします。 学習用データセットは2つの文字列型の列で構成されています。 ここでは、まず TF-IDF を半教師的に適用し、次に SVD と SVM 分類器を使用するという処理を定義します。 問題は、SVD の次元削減数を選択し、SVM のパラメータを調整する必要があることです。 その方法を次のコードで示します。

pipeline_search.py

```python
import numpy as np
import pandas as pd

from sklearn import metrics
from sklearn import model_selection
from sklearn import pipeline

from sklearn.decomposition import TruncatedSVD
from sklearn.feature_extraction.text import TfidfVectorizer
from sklearn.preprocessing import StandardScaler
from sklearn.svm import SVC


def quadratic_weighted_kappa(y_true, y_pred):
    """
    重み付きカッパ係数を計算する関数
    """
    return metrics.cohen_kappa_score(
        y_true,
        y_pred,
        weights="quadratic"
    )


if __name__ == '__main__':

    # 学習用データセットの読み込み
    train = pd.read_csv('../input/train.csv')

    # インデックス列は不要
    idx = test.id.values.astype(int)
    train = train.drop('id', axis=1)
    test = test.drop('id', axis=1)

    # 目的変数の準備
    y = train.relevance.values

    # ラムダ関数を使って文字列型の列を処理
    traindata = list(
        train.apply(lambda x:'%s %s' % (x['text1'], x['text2']),axis=1)
    )
    testdata = list(
        test.apply(lambda x:'%s %s' % (x['text1'], x['text2']),axis=1)
    )

    # 初期化
    tfv = TfidfVectorizer(
        min_df=3,
```

```python
        max_features=None,
        strip_accents='unicode',
        analyzer='word',
        token_pattern=r'\w{1,}',
        ngram_range=(1, 3),
        use_idf=1,
        smooth_idf=1,
        sublinear_tf=1,
        stop_words='english'
)

# 学習
tfv.fit(traindata)
X =  tfv.transform(traindata)
X_test = tfv.transform(testdata)

# 初期化
svd = TruncatedSVD()

# 初期化
scl = StandardScaler()

# SVC モデルの初期化
svm_model = SVC()

# pipeline の初期化
clf = pipeline.Pipeline(
    [
        ('svd', svd),
        ('scl', scl),
        ('svm', svm_model)
    ]
)

# パラメータの探索範囲
# pipeline に最適なパラメータ
param_grid = {
    'svd__n_components' : [200, 300],
    'svm__C': [10, 12]
}

# 重み付きカッパ係数
kappa_scorer = metrics.make_scorer(
    quadratic_weighted_kappa,
    greater_is_better=True
)
```

```
# グリッドサーチの初期化
model = model_selection.GridSearchCV(
    estimator=clf,
    param_grid=param_grid,
    scoring=kappa_scorer,
    verbose=10,
    n_jobs=-1,
    refit=True,
    cv=5
)

# グリッドサーチの実行
model.fit(X, y)
print("Best score: %0.3f" % model.best_score_)
print("Best parameters set:")
best_parameters = model.best_estimator_.get_params()
for param_name in sorted(param_grid.keys()):
    print("\t%s: %r" % (param_name, best_parameters[param_name]))

# 最良のモデルの取得
best_model = model.best_estimator_

# モデルの学習と予測
best_model.fit(X, y)
preds = best_model.predict(...)
```

　ここで紹介する pipeline は、特異値分解（SVD）、標準化、サポートベクターマシン（SVM）モデルを備えています。　なお、学習用データセットが入手できないため、上記のコードをそのまま実行することはできません。　ここからは、高度なハイパーパラメータ最適化技術を紹介します。　さまざまな種類の最小化アルゴリズムを使用した**関数の最小化**を考えましょう。　滑降シンプレックス法（downhill simplex）とも呼ばれるネルダー・ミード法（Nelder-Mead）、最適なパラメータを見つけるためのガウス過程を用いたベイズ法、遺伝的アルゴリズム（genetic algorithm）など、多くの最小化関数を用いて実現できます。　アンサンブルとスタッキングの章では、滑降シンプレックス法の応用について説明します。　まず、ガウス過程がハイパーパラメータ最適化にどのように使われるかを見てみましょう。　この種のアルゴリズムでは、最適化できる関数が必要です。　ほとんどの場合、**損失を最小化**するように、関数を最小化することになります。

　最良の正答率を得る最適なパラメータを見つけたいとします。　正答率は高ければ高いほど良い評価指標です。　最大化を考えるために、正答率に -1 をかけることで最小化の問題に変換します。　この方法では正答率のマイナスを最小化していますが、実際には正答率を最大化しています。**ベイズ最適化（Bayesian optimization）をガウス過程（gaussian process）**で使用するには、scikit-optimize（skopt）ライブラリの gp_minimize 関数を使用します。

この関数を使って、ランダムフォレストモデルのパラメータをどのように調整するかを見てみましょう。

rf_gp_minimize.py

```python
import numpy as np
import pandas as pd

from functools import partial

from sklearn import ensemble
from sklearn import metrics
from sklearn import model_selection

from skopt import gp_minimize
from skopt import space


def optimize(params, param_names, x, y):
    """
    最適化関数
    探索範囲、特徴量、目的変数を受け取る
    選ばれたパラメータでモデルを学習し、交差検証を実施し、正答率にマイナスをかけた値を算出
    :param params: gp_minimize 用のパラメータ
    :param param_names: パラメータ名。順序は重要。
    :param x: 特徴量
    :param y: 目的変数
    :return: 正答率にマイナスをかけた値
    """
    # パラメータを辞書に変換
    params = dict(zip(param_names, params))

    # モデルの初期化
    model = ensemble.RandomForestClassifier(**params)

    # 交差検証の初期化
    kf = model_selection.StratifiedKFold(n_splits=5)

    # 正答率を格納するリスト
    accuracies = []

    # 各分割についてのループ
    for idx in kf.split(X=x, y=y):
        train_idx, test_idx = idx[0], idx[1]
        xtrain = x[train_idx]
        ytrain = y[train_idx]

        xtest = x[test_idx]
        ytest = y[test_idx]
```

```python
        # モデルの学習
        model.fit(xtrain, ytrain)

        # 予測
        preds = model.predict(xtest)

        # 正答率を算出しリストに格納
        fold_accuracy = metrics.accuracy_score(
            ytest,
            preds
        )
        accuracies.append(fold_accuracy)

    # 正答率にマイナスをかけた値を返す
    return -1 * np.mean(accuracies)


if __name__ == "__main__":
    # 学習用データセットの読み込み
    df = pd.read_csv("../input/mobile_train.csv")

    # 特徴量には price_range 以外のすべての列を利用
    # インデックス列はない
    X = df.drop("price_range", axis=1).values
    # 目的変数の準備
    y = df.price_range.values

    # 探索範囲の定義
    param_space = [
        # max_depth は 3 から 10 の整数値
        space.Integer(3, 15, name="max_depth"),
        # n_estimators は 50 から 1500 の整数値
        space.Integer(100, 1500, name="n_estimators"),
        # criterion はカテゴリ型のリスト
        space.Categorical(["gini", "entropy"], name="criterion"),
        # 分布を指定した real 型も扱える
        space.Real(0.01, 1, prior="uniform", name="max_features")
    ]

    # パラメータ名のリスト
    # optimize 関数内の探索範囲と同じ順番
    param_names = [
        "max_depth",
        "n_estimators",
        "criterion",
        "max_features"
    ]

    # functools の partial を使って、新しい関数を作成
```

```
# params 以外は optimize 関数と同じパラメータを持つ
# gp_minimize で関数を最適化する手法
# optimize 関数内でデータセットを読み込むか、optimize 関数をここで定義することも可能
optimization_function = partial(
    optimize,
    param_names=param_names,
    x=X,
    y=y
)

# scikit-optimize の gp_minimize を実行
# gp_minimize では関数の最小化のためにベイズ最適化を使う
# パラメータの探索範囲、最小化する関数、反復回数が必要
result = gp_minimize(
    optimization_function,
    dimensions=param_space,
    n_calls=15,
    n_random_starts=10,
    verbose=10
)

# 最良のパラメータの辞書を作成し表示
best_params = dict(
    zip(
        param_names,
        result.x
    )
)
print(best_params)
```

多くの出力のうち、最後の部分を次に示します。

```
Iteration No: 14 started. Searching for the next optimal point.
Iteration No: 14 ended. Search finished for the next optimal point.
Time taken: 4.7793
Function value obtained: -0.9075
Current minimum: -0.9075
Iteration No: 15 started. Searching for the next optimal point.
Iteration No: 15 ended. Search finished for the next optimal point.
Time taken: 49.4186
Function value obtained: -0.9075
Current minimum: -0.9075
{'max_depth': 12, 'n_estimators': 100, 'criterion': 'entropy', 'max_features': 1.0}
```

どうやら正答率は 0.90 を超えたようです。 これはすごいですね。

次のコードを使って、収束の様子を可視化（convergence plot）できます。

```
from skopt.plots import plot_convergence

plot_convergence(result)
```

可視化結果を図 8.2 に示します。

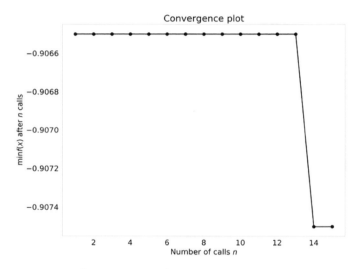

図 8.2　ランダムフォレストのパラメータ最適化の収束

ハイパーパラメータを最適化するライブラリは数多くあります。 既に使った scikit-optimize もその 1 つです。 hyperopt は、Tree-structured Parzen Estimator（TPE）を使って最適なパラメータを見つけます。 次のコードでは、前のコードに最小限の変更を加えて hyperopt を使用しています。

rf_hyperopt.py

```
import numpy as np
import pandas as pd

from functools import partial

from sklearn import ensemble
```

```python
from sklearn import metrics
from sklearn import model_selection

from hyperopt import hp, fmin, tpe, Trials
from hyperopt.pyll.base import scope


def optimize(params, x, y):
    """
    最適化関数
    探索範囲、特徴量、目的変数を受け取る
    選ばれたパラメータでモデルを学習し、交差検証を実施し、正答率にマイナスをかけた値を算出
    :param params: gp_minimize 用のパラメータ
    :param param_names: パラメータ名。順序は重要。
    :param x: 特徴量
    :param y: 目的変数
    :return: 正答率にマイナスをかけた値
    """

    # モデルの初期化
    model = ensemble.RandomForestClassifier(**params)

    # 交差検証の初期化
    kf = model_selection.StratifiedKFold(n_splits=5)

    .
    .
    .

    # 正答率にマイナスをかけた値を返す
    return -1 * np.mean(accuracies)


if __name__ == "__main__":
    # 学習用データセットの読み込み
    df = pd.read_csv("../input/mobile_train.csv")

    # 特徴量には price_range 以外のすべての列を利用
    # インデックス列はない
    X = df.drop("price_range", axis=1).values
    # 目的変数の準備
    y = df.price_range.values

    # パラメータの探索範囲の定義
    # hyperopt を利用
    param_space = {
        # quniform: round(uniform(low, high) / q) * q
        # max_depth と n_estimators には整数値が必要
        "max_depth": scope.int(hp.quniform("max_depth", 1, 15, 1)),
```

185

```
        "n_estimators": scope.int(
            hp.quniform("n_estimators", 100, 1500, 1)
        ),
        # choice: 値のリストから選択
        "criterion": hp.choice("criterion", ["gini", "entropy"]),
        # uniform: 2つの値の間から選択
        "max_features": hp.uniform("max_features", 0, 1)
    }

    # partial 関数
    optimization_function = partial(
        optimize,
        x=X,
        y=y
    )

    # 初期化
    trials = Trials()

    # hyperopt の実行
    hopt = fmin(
        fn=optimization_function,
        space=param_space,
        algo=tpe.suggest,
        max_evals=15,
        trials=trials

    )
    print(hopt)
```

　ご覧のとおり、以前のコードとあまり変わりません。 パラメータの探索範囲を別の形式で定義しなければならず、実際の最適化部分を gp_minimize から hyperopt に変更する必要があります。 結果は良好です。

```
❯ python rf_hyperopt.py
100%|████████████████████████| 15/15 [04:38<00:00, 18.57s/trial,
best loss: -0.9095000000000001]
{'criterion': 1, 'max_depth': 11.0, 'max_features': 0.821163568049807, 'n_
estimators': 806.0}
```

　以前よりも少し改善した正答率と、使用したパラメータが得られます。 最終的な結果では、criterion が 1 になっています。 インデックスの 1、つまりエントロピーが選択されたことを意味します。 上述したハイパーパラメータの調整方法は最も一般的なもので、線形回帰、ロジスティック回帰、決定木、XGBoost や LightGBM などの勾配ブースティングモデル、さらにはニューラルネットワークなど、ほとんどすべてのモデルで使用できます。

　これらの方法は存在しますが、習得するためには、ハイパーパラメータを手動で調整することから始めなければなりません。 手作業で調整することで、たとえば勾配ブースティングで深さを増やした際には学習率を下げるべきといった基本的なことが学べます。 自動化ツールを使用するだけでは、このような勘所（かんどころ）を習得できません。 次の表には、それぞれのモデルで何を調整すべきかをまとめました[2]。 RS* は、ランダムサーチの方が良いという意味です。

　手作業でパラメータを調整できるようになれば、自動化ツールを用いたハイパーパラメータの調整は不要になるかもしれません。 大規模なモデルを作成したり、多くの特徴量を使ったりすると、学習用データセットに対する過学習の影響を受けやすくなります。 過学習を防ぐためには、学習用データセットの特徴量にノイズを導入するか、損失関数に罰則項を課す必要があります。この罰則は**正則化**と呼ばれ、モデルの汎用化に役立ちます。線形モデルでは、最も一般的な正則化は L1 と L2 です。L1 はラッソ回帰、L2 はリッジ回帰とも呼ばれています。ニューラルネットワークの場合は、ドロップアウト・データ拡張・ノイズなどでモデルを正則化します。 ハイパーパラメータ最適化を使って、適切な罰則も見つけられます。

モデル	ハイパーパラメータ	値の範囲
線形回帰	fit_intercept	True/False
	normalize	True/False
リッジ回帰	alpha	0.01, 0.1, 1.0, 10, 100
	fit_intercept	True/False
	normalize	True/False
k 近傍法	n_neighbors	2, 4, 8, 16, …
	p	2, 3

（次ページに続く）

---

[2] XGBoost を除き、scikit-learn の実装を想定しています。

（前ページから続く）

モデル	ハイパーパラメータ	値の範囲
サポートベクターマシン	C	0.001, 0.01, … 10, … 100, … 1000
	gamma	'auto', RS*
	class_weight	'balanced', None
ロジスティック回帰	penalty	l1, l2
	C	0.001, 0.01, … 10, … 100
ラッソ回帰	alpha	0.1, 1.0, 10
	normalize	True/False
ランダムフォレスト	n_estimators	120, 300, 500, 800, 1200
	max_depth	5, 8, 15, 25, 30, None
	min_samples_split	1, 2, 5, 10, 15, 100
	min_samples_leaf	1, 2, 5, 10
	max_features	log2, sqrt, None
XGBoost	eta	0.01, 0.015, 0.025, 0.05, 0.1
	gamma	0.05 – 0.1, 0.3, 0.5, 0.7, 0.9, 1.0
	max_depth	3, 5, 7, 9, 12, 15, 17, 25
	min_child_weight	1, 3, 5, 7
	subsample	0.6, 0.7, 0.8, 0.9, 1.0
	colsample_bytree	0.6, 0.7, 0.8, 0.9, 1.0
	lambda	0.01 – 0.1, 1.0, RS*
	alpha	0, 0.1, 0.5, 1.0, RS*

第 **9** 章

画像分類・
セグメンテーションへの
アプローチ

　画像に関しては、ここ数年で多くのことが達成されています。　コンピュータビジョン分野の進歩は非常に速く、多くの問題がより簡単に解決できるようになったと感じます。　学習済みモデルと安価な計算機の登場で、画像に関するほとんどの問題について、最先端に近いモデルを自宅で簡単に学習できるようになりました。　画像の問題にはさまざまな種類があります。　画像を 2 つ以上のカテゴリに分類する標準的な問題から、自動運転車のような難しい挑戦もあります。　本書では自動運転車については触れず、いくつかの最も一般的な画像の問題を扱います。

　画像を扱うにはどのような方法があるのでしょうか。　画像は、数字で構成されている行列に過ぎません。　コンピュータは、人間のように画像を見ることができません。　画像を数字そのものとして捉えます。　グレースケール画像は、0 から 255 までの値を持つ 2 次元行列です。　0 は黒、255 は白で、その間にはすべての濃淡があります。　以前、深層学習がなかった頃（あるいは深層学習が普及していなかった頃）、人々は画素（ピクセル）に注目していました。それぞれの画素が特徴量でした。　Python を使うことで、簡単に処理できます。　OpenCV やPython-PIL でグレースケール画像[*1] を読み込み、numpy 配列に変換して、行列を平坦化するだけです（図 9.1）。　RGB 画像[*2] を扱う場合は、1 つではなく 3 つの行列になります。しかし、考え方は同じです。

```python
import numpy as np
import matplotlib.pyplot as plt

# 0 から 255 までの値を持つランダムな numpy 配列を生成
random_image = np.random.randint(0, 256, (256, 256))
# 初期化
plt.figure(figsize=(7, 7))
# グレースケール画像の表示
plt.imshow(random_image, cmap='gray', vmin=0, vmax=255)
plt.show()
```

　上のコードでは、numpy を使ってランダムな行列を生成しています。　この行列は、0 から 255 までの（両端を含む）値で構成され、サイズは 256 × 256 です。　個々の最小単位を画素と呼びます。

[*1]　白と黒の中間の濃淡でさまざまな色を再現する表現法。
[*2]　赤（Red）・緑（Green）・青（Blue）の 3 つの原色を混ぜてさまざまな色を再現する表現法。

元の画像	平坦化した画像
[[251, 130, 37, ..., 234, 194, 18], [207, 31, 174, ..., 148, 215, 27], [78, 237, 167, ..., 154, 24, 26], ..., [134, 200, 9, ..., 143, 41, 220], [111, 21, 204, ..., 131, 15, 176], [237, 120, 199, ..., 253, 6, 153]]	[251, 130, 37, ..., 6, 153]

図 9.1　2 次元画像（チャンネル数は 1）と平坦化した画像

　ベクトルの大きさは 256 × 256=65536 になります。

　データセットのすべての画像を処理すると、各サンプルに 65536 個の特徴量があることになります。 この特徴量を基に、決定木・ランダムフォレスト・サポートベクターマシンのモデルを素早く構築できます。 画素の値を見て、正と負のサンプルを分類します（二値分類問題の場合）。

　古典的な猫と犬の画像の分類問題が有名ですが、ここでは少し違う題材に取り組みましょう。 評価指標の章の冒頭で、肺気胸のデータセットを紹介しました。 ここでは肺の X 線画像が気胸であるかどうかを検出するモデルを作ってみます。（それほど単純ではない）二値分類問題です。

気胸なし

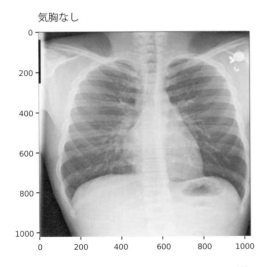

気胸あり

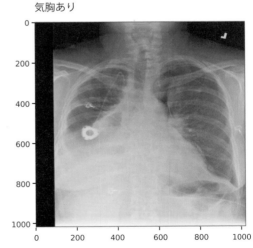

図 9.2　気胸なしと気胸ありの X 線画像の比較[*3]

＊3　https://www.kaggle.com/c/siim-acr-pneumothorax-segmentation

191

　図 9.2 では、気胸なしと気胸ありの画像を比較しています。 既にお気づきだと思いますが、（私のような）専門家でない者にとっては、実際に画像を見て気胸であるかを識別するのは非常に困難です。

　元々は気胸が正確にどこにあるか検出するためのデータセットですが、与えられた X 線画像に気胸があるか分類する問題に修正しました。 心配しないでください。 この章では「どこにあるか」の問題についても扱います。 データセットは 10675 枚の画像で構成され、2379枚が気胸あり画像です（データセットを処理した後の数字なので、元のデータセットとは一致しないことに注意してください）。 **典型的な不均衡な二値分類問題**です。 評価指標を AUC とし、stratified k-fold 交差検証を採用しました。

　特徴量を平坦化してサポートベクターマシンやランダムフォレストなどの古典的な手法で分類する方法も十分優れていますが、最高峰の性能にはたどり着けないかもしれません。 このデータセットの画像のサイズは 1024 × 1024 で、モデルの学習にはかなりの時間がかかるでしょう。とはいえ、ひとまずランダムフォレストモデルを構築してみます。画像はグレースケールなので、特別な変換は必要ありません。 画像を 256 × 256 に変形し、先に説明したように AUC を評価指標として使用します。

　どのように機能するか見てみましょう。

```python
import os

import numpy as np
import pandas as pd

from PIL import Image
from sklearn import ensemble
from sklearn import metrics
from sklearn import model_selection
from tqdm import tqdm

def create_dataset(training_df, image_dir):
    """
    学習用データセットを受け取り、特徴量と目的変数を返す関数
    :param training_df: 画像インデックスと目的変数の列を含む学習用データセット
    :param image_dir: 画像を含むディレクトリのパス
    :return: 特徴量と目的変数
    """
    # 画像のベクトルを格納するリスト
    images = []
    # 目的変数を格納するリスト
    targets = []
    # それぞれのデータについてのループ
    for index, row in tqdm(
        training_df.iterrows(),
```

```python
        total=len(training_df),
        desc="processing images"
    ):
        # 画像インデックス
        image_id = row["ImageId"]
        # 画像パス
        image_path = os.path.join(image_dir, image_id)
        # PILによる画像の読み込み
        image = Image.open(image_path + ".png")
        # 画像を256x256に変形。リサンプリングにはバイリニア法を指定。
        image = image.resize((256, 256), resample=Image.BILINEAR)
        # numpy配列に変換
        image = np.array(image)
        # 平坦化
        image = image.ravel()
        # リストに格納
        images.append(image)
        targets.append(int(row["target"]))
    # numpy配列に変換
    images = np.array(images)
    # 配列のサイズを表示
    print(images.shape)
    return images, targets


if __name__ == "__main__":
    csv_path = "/home/abhishek/workspace/siim_png/train.csv"
    image_path = "/home/abhishek/workspace/siim_png/train_png/"

    # 画像インデックスと目的変数の列を含むCSVファイルを読み込み
    df = pd.read_csv(csv_path)

    # kfoldという新しい列を作り、-1で初期化
    df["kfold"] = -1

    # サンプルをシャッフル
    df = df.sample(frac=1).reset_index(drop=True)

    # 目的変数を取り出す
    y = df.target.values

    # StratifiedKFoldクラスの初期化
    kf = model_selection.StratifiedKFold(n_splits=5)

    # kfold列を埋める
    for f, (t_, v_) in enumerate(kf.split(X=df, y=y)):
        df.loc[v_, 'kfold'] = f

    # 各分割についてのループ
    for fold_ in range(5):
```

```
# 学習用と評価用に分割
train_df = df[df.kfold != fold_].reset_index(drop=True)
test_df = df[df.kfold == fold_].reset_index(drop=True)

# 特徴量と目的変数に変換
# 時間の節約のためにループの外で処理することも可能
xtrain, ytrain = create_dataset(train_df, image_path)

# 特徴量と目的変数に変換
# 時間の節約のためにループの外で処理することも可能
xtest, ytest = create_dataset(test_df, image_path)

# 標準のパラメータでランダムフォレストモデルを学習
clf = ensemble.RandomForestClassifier(n_jobs=-1)
clf.fit(xtrain, ytrain)

# クラス1の予測確率
preds = clf.predict_proba(xtest)[:, 1]

# 結果の表示
print(f"FOLD: {fold_}")
print(f"AUC = {metrics.roc_auc_score(ytest, preds)}")
print("")
```

平均の AUC は約 0.72 となります。

　悪くはない結果ですが、できればもっとうまくやりたいものです。 この方法は画像にも使えますし、実際に昔はこのように処理されていました。 サポートベクターマシンは、画像データセットでは非常に有名でした。 今では、このような問題を解決するには、深層学習が最先端であると証明されています。 次は深層学習を試してみましょう。

　ここでは、深層学習の歴史や誰が何を発明したかについては触れません。 代わりに、最も有名な深層学習モデルの1つである AlexNet を取り上げて、具体的な処理を見てみましょう。

　今となっては、基本的な**深層畳み込みニューラルネットワーク（convolutional neural networks、CNN）**といえるかもしれません。 多くの深層ニューラルネットワークの礎となっています。 図9.3 は、5つの畳み込み層、2つの全結合層、1つの出力層を持つ畳み込みニューラルネットワークです。 最大プーリング層もあります。 それぞれの役割は何でしょうか。 深層学習で出てくる用語を見てみましょう。

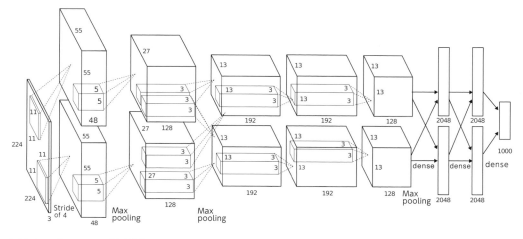

図 9.3　AlexNet の構造[*4]。入力サイズは 224 × 224 ではなく、227 × 227 であることに注意。

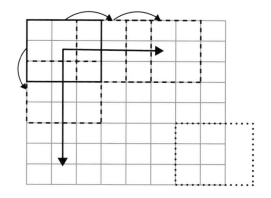

図 9.4　サイズ 3 × 3、ストライド 2 のフィルタを使用したサイズ 8 × 8 の画像

　図 9.4 では、フィルタとストライドという 2 つの新しい用語を導入しています。 **フィルタ**とは、与えられた関数で初期化された 2 次元行列のことです。畳み込みニューラルネットワークには「**He initialization**」や「**Kaiming normal initialization**」と呼ばれる初期化手法が適しています。 最近のネットワークのほとんどが **ReLU（Rectified Linear Units）** という活性化関数を使用しており[*5]、**勾配消失（vanishing gradients）**（勾配がゼロに近づいてネットワークの重みが変化しない）問題を避けるために、適切な初期化が必要だからです。 このフィルタは、画像を畳み込みます。 畳み込みとは、フィルタと画像の中で重なっている

＊ 4　A. Krizhevsky, I. Sutskever, and G. Hinton. Imagenet classification with deep convolutional neural networks. In NIPS, 2012.

＊ 5　ReLU 以外にも「Leaky ReLU」「Mish」「Swish」など、多くの活性化関数が提案されています。

画素の要素ごとの掛け算の総和（相互相関）に他なりません。 畳み込みについては、高校の数学の教科書にも詳しく載っています[6]。 畳み込みは画像の左上から始め、水平方向に移動します。 1画素ずつ移動する場合のストライドは1、2画素ならば2です。 **これがストライド（stride）** です。

　ストライドは、自然言語処理においても有用な概念です。 たとえば、質問応答システムにおいて、大量のテキスト集合から回答を抽出する場合などです。 水平方向の処理を終えたら、同じストライドでフィルタを垂直方向に下げ、再び左から水平方向に移動します。図9.4では、フィルタが画像の外に出てしまって、畳み込みの計算ができません。 その場合は処理を割愛しますが、**パディング（padding）** という処理で対応する場合もあります。 畳み込みを行うと、画像のサイズが小さくなることにも注意しなければなりません。 パディングは、画像のサイズを維持する方法でもあります。 図9.4では、3×3のサイズのフィルタが、2行もしくは2列（の画素）ごとに縦横に動いています。 2つの画素を飛ばすのでストライドは2で、画像サイズは [(8-3) / 2] + 1 = 3.5 となります。 3.5の小数点以下を切り捨てて、画像サイズは3×3です。 ペンと紙を使えば、手作業で計算できます。

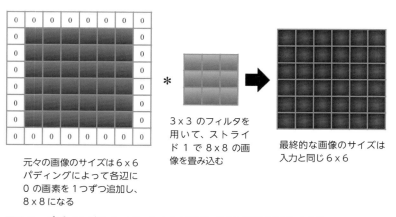

3×3のフィルタを
用いて、ストライ
ド1で8×8の画
像を畳み込む

最終的な画像のサイズは
入力と同じ6×6

元々の画像のサイズは6×6
パディングによって各辺に
0の画素を1つずつ追加し、
8×8になる

図9.5　パディングによって、入力と同じサイズの画像を提供できる

　パディングの効果を図9.5で見てみましょう。 元の画像のサイズは6×6で、1のパディングを加えています。 1のパディングとは、各辺に0の画素を1つずつ追加して、画像のサイズを大きくする処理です。 結果として得られる画像は、入力画像と同じサイズ、つまり6×6になります。 深層ニューラルネットワークを扱う際に遭遇する可能性のある関連の用語に、図9.6に示す**ダイレーション（dilation）** があります。

---

[6] 国や時代ごとに学習要項は異なります。ニューラルネットワークの文脈で登場する処理は、厳密に言うと数学用語の意味での「畳み込み」とは異なります。

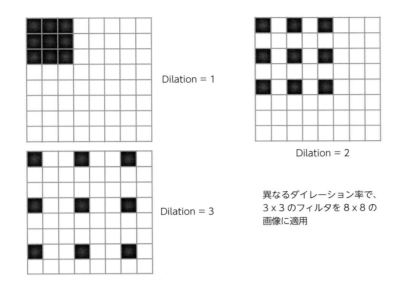

Dilation = 1

Dilation = 2

Dilation = 3

異なるダイレーション率で、
3 x 3 のフィルタを 8 x 8 の
画像に適用

図 9.6　ダイレーションの例

　ダイレーションでは、フィルタを拡大します。 倍率のことをダイレーション率、または単
にダイレーションと呼びます。 この種のフィルタでは、それぞれの畳み込み処理時にいくつ
かの画素を拡張します。 特にセグメンテーションの問題に有効です。 2 次元の畳み込みにつ
いてのみ説明しましたが、1 次元やより高次元の畳み込みもあります。 すべての基本的な概
念は同じです。

　次に、**最大プーリング（max pooling）**です。 最大プーリングとは、最大値を返すフィル
タに他なりません。 畳み込みの代わりに、画素の最大値を抽出します。 同様に、**平均プーリ
ング（average pooling、mean pooling）**では、画素の平均値を返します。 これらは、畳
み込みフィルタと同じように使用されます。 プーリングは畳み込みよりも高速で、画像をダ
ウンサンプリングします。 最大プーリングはエッジを検出し、平均プーリングは画像を滑ら
かにします。

　畳み込みニューラルネットワークや深層学習には、あまりにも多くの概念があります。 私
が説明したのは、入門に役立つ基本的な概念の一部です。 PyTorch で最初の畳み込みニュー
ラルネットワークの構築を始めるための準備が整いました。 PyTorch は直感的かつ簡単な
方法でディープニューラルネットワークを実装でき、誤差逆伝播法に注意を払う必要はあり
ません。 ネットワークを Python のクラスで定義し、各層がどのように接続されているかを
PyTorch に伝えるフォワード（forward）関数を定義します。PyTorch の画像表記は（BS，C，
H，W）で、それぞれバッチサイズ、チャンネル、高さ、幅を表します。 AlexNet の PyTorch
実装を見てみましょう。

```python
import torch
import torch.nn as nn
import torch.nn.functional as F


class AlexNet(nn.Module):
    def __init__(self):
        super(AlexNet, self).__init__()
        # 畳み込み層
        self.conv1 = nn.Conv2d(
            in_channels=3,
            out_channels=96,
            kernel_size=11,
            stride=4,
            padding=0
        )
        self.pool1 = nn.MaxPool2d(kernel_size=3, stride=2)
        self.conv2 = nn.Conv2d(
            in_channels=96,
            out_channels=256,
            kernel_size=5,
            stride=1,
            padding=2
        )
        self.pool2 = nn.MaxPool2d(kernel_size=3, stride=2)
        self.conv3 = nn.Conv2d(
            in_channels=256,
            out_channels=384,
            kernel_size=3,
            stride=1,
            padding=1
        )
        self.conv4 = nn.Conv2d(in_channels=384,out_channels=384,
            kernel_size=3, stride=1,padding=1)
        self.conv5 = nn.Conv2d(in_channels=384, out_channels=256,
            kernel_size=3,
            stride=1,
            padding=1
        )
        self.pool3 = nn.MaxPool2d(kernel_size=3, stride=2)
        # 全結合層
        self.fc1 = nn.Linear(
            in_features=9216,
            out_features=4096
        )
        # 0.5 は、50%のみを次の層に伝えるという意味
        self.dropout1 = nn.Dropout(0.5)
        self.fc2 = nn.Linear(
            in_features=4096,
```

```python
        out_features=4096
    )
    self.dropout2 = nn.Dropout(0.5)
    self.fc3 = nn.Linear(
        in_features=4096,
        out_features=1000
    )
def forward(self, image):
    # 画像のバッチからバッチサイズ、チャンネル、高さ、幅を取得
    # 元のサイズ: (bs, 3, 227, 227)
    bs, c, h, w = image.size()
    x = F.relu(self.conv1(image))  # サイズ: (bs, 96, 55, 55)
    x = self.pool1(x)              # サイズ: (bs, 96, 27, 27)
    x = F.relu(self.conv2(x))      # サイズ: (bs, 256, 27, 27)
    x = self.pool2(x)              # サイズ: (bs, 256, 13, 13)
    x = F.relu(self.conv3(x))      # サイズ: (bs, 384, 13, 13)
    x = F.relu(self.conv4(x))      # サイズ: (bs, 384, 13, 13)
    x = F.relu(self.conv5(x))      # サイズ: (bs, 256, 13, 13)
    x = self.pool3(x)              # サイズ: (bs, 256, 6, 6)
    x = x.view(bs, -1)             # サイズ: (bs, 9216)
    x = F.relu(self.fc1(x))        # サイズ: (bs, 4096)
    x = self.dropout1(x)           # サイズ: (bs, 4096)
    # 正則化に使うドロップアウト層ではサイズは不変
    x = F.relu(self.fc2(x))        # サイズ: (bs, 4096)
    x = self.dropout2(x)           # サイズ: (bs, 4096)
    x = F.relu(self.fc3(x))        # サイズ: (bs, 1000)
    # ImageNet データセットのカテゴリ数は 1000
    # 活性化関数のソフトマックスは、線形層（全結合層）の出力を
    # バッチ単位で 1 以下の確率に変換
    x = torch.softmax(x, axis=1)   # サイズ: (bs, 1000)
    return x
```

　3×227×227の画像に対して11×11の畳み込みフィルタを使う場合、11×11×3のフィルタを適用して 227×227×3 の画像と畳み込むことになります。 つまり、2 次元ではなく3 次元で考える必要があります。 出力チャンネル数は、個別の画像に適用される同じサイズの異なる畳み込みフィルタの数を表しています。 最初の畳み込み層の入力チャンネル数は 3で、元の入力である R、G、B チャンネルです。 PyTorch の torchvision では AlexNet のようなさまざまなモデルを提供していますが、ここで紹介した AlexNet の実装は torchvisionと異なることに注意しなければなりません。 torchvision の AlexNet は、AlexNet を修正した他の論文[7]の実装です。

＊7　Krizhevsky, A. One weird trick for parallelizing convolutional neural networks. CoRR, abs/1404.5997, 2014.

　　畳み込みニューラルネットワークは個別の問題に合わせて設計できます。 多くの場合、自分で手を動かしてみるのは良い考えです。 この章で最初に使ったデータセットの画像を用いて、気胸の有無を分類するネットワークを作ってみましょう。 まず、いくつかのファイルを用意します。 最初に、fold ファイル、つまり train.csv に新しく kfold 列を加えたファイルを作成します。 ここでは 5 つの分割を作成します。 別のデータセットに対する方法は紹介済みなので、この部分は省略して練習問題にしておきます。 PyTorch のニューラルネットワークでは、データセットクラスを作成する必要があります。 データセットクラスの目的は、データのサンプルを返すことです。 データのサンプルは、モデルの学習や評価に必要なすべての要素で構成されていなければなりません。

dataset.py

```python
import torch

import numpy as np

from PIL import Image
from PIL import ImageFile

# 終了を示すビットを持たない（破損した）画像に対応するための処理
ImageFile.LOAD_TRUNCATED_IMAGES = True


class ClassificationDataset:
    """
    一般的な画像分類問題のためのクラス
    二値分類・多クラス分類・多ラベル問題など
    """
    def __init__(
        self,
        image_paths,
        targets,
        resize=None,
        augmentations=None
    ):
        """
        :param image_paths: 画像のリストのパス
        :param targets: numpy 配列
        :param resize: 変形後の画像サイズを示すタプル、
        :   例：(256, 256)、None の場合は変形しない
        :param augmentations: albumentation によるデータ拡張
        """
        self.image_paths = image_paths
        self.targets = targets
        self.resize = resize
        self.augmentations = augmentations
```

```python
    def __len__(self):
        """
        データセット内のサンプル数を返す
        """
        return len(self.image_paths)

    def __getitem__(self, item):
        """
        指定されたインデックスに対して、モデルの学習や評価に必要なすべての要素を返す
        """
        # PIL を使って画像を開く
        image = Image.open(self.image_paths[item])
        # グレースケールを RGB に変換
        image = image.convert("RGB")
        # 目的変数の準備
        targets = self.targets[item]

        # 画像の変形
        if self.resize is not None:
            image = image.resize(
                (self.resize[1], self.resize[0]),
                resample=Image.BILINEAR
            )
        # numpy 配列に変換
        image = np.array(image)

        # albumentation によるデータ拡張
        if self.augmentations is not None:
            augmented = self.augmentations(image=image)
            image = augmented["image"]

        # PyTorch で期待される形式に変換
        # （高さ , 幅 , チャンネル） ではなく （チャンネル , 高さ , 幅）
        image = np.transpose(image, (2, 0, 1)).astype(np.float32)

        # 画像と目的変数のテンソルを返す
        # 型に注目
        # 回帰問題の場合は、目的変数の型が torch.float
        return {
            "image": torch.tensor(image, dtype=torch.float),
            "targets": torch.tensor(targets, dtype=torch.long),
        }
```

続いて、学習と評価の関数を記述した **engine.py** が必要です。 **engine.py** がどのような
ものか見てみましょう。

engine.py

```python
import torch
import torch.nn as nn

from tqdm import tqdm


def train(data_loader, model, optimizer, device):
    """
    1エポック学習する関数
    :param data_loader: PyTorchのデータローダ
    :param model: PyTorchのモデル
    :param optimizer: オプティマイザ（AdamやSGDなど）
    :param device: デバイス（CUDAやCPU）
    """

    # モデルを学習モードに
    model.train()

    # データローダ内のバッチについてのループ
    for data in data_loader:
        # 画像と目的変数を持っている
        inputs = data["image"]
        targets = data["targets"]

        # デバイスに転送
        inputs = inputs.to(device, dtype=torch.float)
        targets = targets.to(device, dtype=torch.float)

        # オプティマイザの勾配を0で初期化
        optimizer.zero_grad()
        # モデルの学習
        outputs = model(inputs)
        # 損失の計算
        loss = nn.BCEWithLogitsLoss()(outputs, targets.view(-1, 1))
        # 誤差逆伝播
        loss.backward()
        # パラメータ更新
        optimizer.step()
        # スケジューラを使う場合、ここに処理を記述


def evaluate(data_loader, model, device):
    """
    1エポック評価する関数
```

```
:param data_loader: PyTorch のデータローダ
:param model: PyTorch のモデル
:param optimizer: オプティマイザ（Adam や SGD など）
:param device: デバイス（CUDA や CPU）
"""
# モデルを評価モードに
model.eval()

# 目的変数と予測を格納するリスト
final_targets = []
final_outputs = []

# 勾配を計算しない
with torch.no_grad():

    for data in data_loader:
        inputs = data["image"]
        targets = data["targets"]
        inputs = inputs.to(device, dtype=torch.float)
        targets = targets.to(device, dtype=torch.float)
        # モデルの予測
        output = model(inputs)

        # 目的変数と予測をリストに変換
        targets = targets.detach().cpu().numpy().tolist()
        output = output.detach().cpu().numpy().tolist()

        # リストに格納
        final_targets.extend(targets)
        final_outputs.extend(output)

# 目的変数と予測を返す
return final_outputs, final_targets
```

engine.py の次は、**model.py** という新しいファイルを作ります。 **model.py** はモデル
を構成します。 別ファイルに切り出しておくと、異なるモデルや異なる構造を簡単に試せ
る利点があります。 pretrainedmodels という PyTorch のライブラリには、**AlexNet**、
ResNet、**DenseNet** など、ImageNet と呼ばれる大規模な画像データセットで学習された
さまざまなモデルがあります。 ImageNet で学習された重みを初期値として利用できますし、
使わずに学習することもできます。 重みなしで学習した場合、ネットワークはすべてをゼロ
から学習することになります。 **model.py** は次のようになっています。

model.py

```python
import torch.nn as nn
import pretrainedmodels


def get_model(pretrained):
    if pretrained:
        model = pretrainedmodels.__dict__["alexnet"](
            pretrained='imagenet'
        )
    else:
        model = pretrainedmodels.__dict__["alexnet"](
            pretrained=None
        )
    # モデルを出力すると中身が分かる
    model.last_linear = nn.Sequential(
        nn.BatchNorm1d(4096),
        nn.Dropout(p=0.25),
        nn.Linear(in_features=4096, out_features=2048),
        nn.ReLU(),
        nn.BatchNorm1d(2048, eps=1e-05, momentum=0.1),
        nn.Dropout(p=0.5),
        nn.Linear(in_features=2048, out_features=1),
    )
    return model
```

最終的なモデルを出力すると、中身を確認できます。

```
AlexNet(
  (avgpool): AdaptiveAvgPool2d(output_size=(6, 6))
  (_features): Sequential(
    (0): Conv2d(3, 64, kernel_size=(11, 11), stride=(4, 4), padding=(2, 2))
    (1): ReLU(inplace=True)
    (2): MaxPool2d(kernel_size=3, stride=2, padding=0, dilation=1, ceil_mode=False)
    (3): Conv2d(64, 192, kernel_size=(5, 5), stride=(1, 1), padding=(2, 2))
    (4): ReLU(inplace=True)
    (5): MaxPool2d(kernel_size=3, stride=2, padding=0, dilation=1, ceil_mode=False)
    (6): Conv2d(192, 384, kernel_size=(3, 3), stride=(1, 1), padding=(1, 1))
    (7): ReLU(inplace=True)
    (8): Conv2d(384, 256, kernel_size=(3, 3), stride=(1, 1), padding=(1, 1))
    (9): ReLU(inplace=True)
    (10): Conv2d(256, 256, kernel_size=(3, 3), stride=(1, 1), padding=(1, 1))
    (11): ReLU(inplace=True)
    (12): MaxPool2d(kernel_size=3, stride=2, padding=0, dilation=1, ceil_mode=False)
  )
  (dropout0): Dropout(p=0.5, inplace=False)
```

```
  (linear0): Linear(in_features=9216, out_features=4096, bias=True)
  (relu0): ReLU(inplace=True)
  (dropout1): Dropout(p=0.5, inplace=False)
  (linear1): Linear(in_features=4096, out_features=4096, bias=True)
  (relu1): ReLU(inplace=True)
  (last_linear): Sequential(
    (0): BatchNorm1d(4096, eps=1e-05, momentum=0.1, affine=True, track_running_
stats=True)
    (1): Dropout(p=0.25, inplace=False)
    (2): Linear(in_features=4096, out_features=2048, bias=True)
    (3): ReLU()
    (4): BatchNorm1d(2048, eps=1e-05, momentum=0.1, affine=True, track_running_
stats=True)
    (5): Dropout(p=0.5, inplace=False)
    (6): Linear(in_features=2048, out_features=1, bias=True)
  )
)
```

すべての準備が整い、学習を開始できます。**train.py** を実行しましょう

train.py

```
import os

import pandas as pd
import numpy as np

import albumentations
import torch

from sklearn import metrics
from sklearn.model_selection import train_test_split

import dataset
import engine
from model import get_model


if __name__ == "__main__":
    # train.csv と、png 形式の画像を格納した train_png ディレクトリを配置
    data_path = "/home/abhishek/workspace/siim_png/"

    # デバイス（CUDA や CPU）
    device = "cuda"

    # 10 エポック学習
    epochs = 10
```

```python
# 学習用データセットの読み込み
df = pd.read_csv(os.path.join(data_path, "train.csv"))

# 画像インデックス
images = df.ImageId.values.tolist()

# 画像のパスのリスト
images = [
    os.path.join(data_path, "train_png", i + ".png") for i in images
]

# 二値の目的変数の numpy 配列
targets = df.target.values

# モデルの取得
# 事前学習済みの重みの有無の両者を試す
model = get_model(pretrained=True)

# モデルをデバイスに転送
model.to(device)

# ImageNet データセットの各チャンネルの平均と標準偏差
# 事前学習済みの重みを使う場合、事前に計算した値を利用
# 使わない場合、対象のデータセットで別途計算した値を使う
mean = (0.485, 0.456, 0.406)
std = (0.229, 0.224, 0.225)

# albumentations はさまざまな画像のデータ拡張が利用できるライブラリ
# ここでは正規化のみを利用
# always_apply=True にして、正規化を常に適用
aug = albumentations.Compose(
    [
        albumentations.Normalize(
            mean, std, max_pixel_value=255.0, always_apply=True
        )
    ]
)

# k-fold 交差検証の代わりにホールドアウト検証
# 分割の乱数を固定
train_images, valid_images, train_targets, valid_targets = train_test_split(
    images, targets, stratify=targets, random_state=42
)

# ClassificationĐataset クラス
train_dataset = dataset.ClassificationĐataset(
    image_paths=train_images,
    targets=train_targets,
    resize=(227, 227),
```

```
        augmentations=aug,
    )

    # データローダ
    train_loader = torch.utils.data.DataLoader(
        train_dataset, batch_size=16, shuffle=True, num_workers=4
    )

    # 検証用データセットについても同様
    valid_dataset = dataset.ClassificationDataset(
        image_paths=valid_images,
        targets=valid_targets,
        resize=(227, 227),
        augmentations=aug,
    )

    valid_loader = torch.utils.data.DataLoader(
        valid_dataset, batch_size=16, shuffle=False, num_workers=4
    )

    # オプティマイザには Adam を利用
    optimizer = torch.optim.Adam(model.parameters(), lr=5e-4)

    # すべてのエポックについて学習し AUC を出力
    for epoch in range(epochs):
        engine.train(train_loader, model, optimizer, device=device)
        predictions, valid_targets = engine.evaluate(
            valid_loader, model, device=device
        )
        roc_auc = metrics.roc_auc_score(valid_targets, predictions)
        print(
            f"Epoch={epoch}, Valid ROC AUC={roc_auc}"
        )
```

事前に学習した重みを使わずに学習してみましょう。

```
Epoch=0, Valid ROC AUC=0.5737161981475328
Epoch=1, Valid ROC AUC=0.5362868001588292
Epoch=2, Valid ROC AUC=0.6163448214387008
Epoch=3, Valid ROC AUC=0.6119219143780944
Epoch=4, Valid ROC AUC=0.6229718888519726
Epoch=5, Valid ROC AUC=0.5983014999635341
Epoch=6, Valid ROC AUC=0.5523236874306134
Epoch=7, Valid ROC AUC=0.4717721611306046
Epoch=8, Valid ROC AUC=0.6473408263980617
Epoch=9, Valid ROC AUC=0.6639862888260415
```

　AUC は約 0.66 で、ランダムフォレストモデルよりも悪化しています。 事前に学習した重みを使うとどうなるでしょうか。

```
Epoch=0, Valid ROC AUC=0.5730387429803165
Epoch=1, Valid ROC AUC=0.5319813942934937
Epoch=2, Valid ROC AUC=0.627111577514323
Epoch=3, Valid ROC AUC=0.6819736959393209
Epoch=4, Valid ROC AUC=0.5747117168950512
Epoch=5, Valid ROC AUC=0.5994619255609669
Epoch=6, Valid ROC AUC=0.5080889443530546
Epoch=7, Valid ROC AUC=0.6323792776512727
Epoch=8, Valid ROC AUC=0.6685753182661686
Epoch=9, Valid ROC AUC=0.6861802387300147
```

　AUC はかなり良くなりました。 しかし、まだ低いですね。 事前学習済みモデルの良い点は、さまざまなモデルを簡単に試せることです。 **事前学習済みの重み（pretrained weights）を持つ resnet18** を試してみましょう。

model.py

```python
import torch.nn as nn
import pretrainedmodels


def get_model(pretrained):
    if pretrained:
        model = pretrainedmodels.__dict__["resnet18"](
            pretrained='imagenet'
        )
    else:
        model = pretrainedmodels.__dict__["resnet18"](
            pretrained=None
        )
    # モデルを出力すると中身が分かる
    model.last_linear = nn.Sequential(
        nn.BatchNorm1d(512),
        nn.Dropout(p=0.25),
        nn.Linear(in_features=512, out_features=2048),
        nn.ReLU(),
        nn.BatchNorm1d(2048, eps=1e-05, momentum=0.1),
        nn.Dropout(p=0.5),
        nn.Linear(in_features=2048, out_features=1),
    )
    return model
```

このモデルを試す際には、画像サイズを 512 × 512 に変更し、3 エポックごとに学習率を 0.5
倍にする学習率スケジューラを追加しました。

```
Epoch=0, Valid ROC AUC=0.5988225569880796
Epoch=1, Valid ROC AUC=0.730349343208836
Epoch=2, Valid ROC AUC=0.5870943169939142
Epoch=3, Valid ROC AUC=0.5775864444138311
Epoch=4, Valid ROC AUC=0.7330502499939224
Epoch=5, Valid ROC AUC=0.7500336296524395
Epoch=6, Valid ROC AUC=0.7563722113724951
Epoch=7, Valid ROC AUC=0.7987463837994215
Epoch=8, Valid ROC AUC=0.798505708937384
Epoch=9, Valid ROC AUC=0.8025477500546988
```

このモデルが最も良い結果を出しているようです。しかし、AlexNet のさまざまなパラメー
タや画像サイズを調整することで、より良いスコアが得られるかもしれません。データ拡張
を使用すれば、さらにスコアが向上します。深層ニューラルネットワークの最適化は難しい
ですが、不可能ではありません。オプティマイザの選択、小さい学習率の使用、検証用デー
タセットに対する性能に応じた学習率の逓減、さまざまなデータ拡張、画像の前処理（必要
に応じた切り出し）、バッチサイズの変更などです。深層ニューラルネットワークの最適化
のためにできることはたくさんあります。

ResNet は、AlexNet に比べてはるかに複雑な構造です。ResNet は Residual Neural
Network の略で、2015 年に K.He、X.Zhang、S.Ren、J.Sun が論文「deep residual learning
for image recognition」で提案しました。ResNet は、ある層の情報をいくつかの層を飛ば
して別の層に伝達する**残差ブロック（residual blocks）**で構成されています。このような構
造は、1 つ以上の層をスキップすることから、**スキップ接続（skip-connection）**と呼ばれ
ています。スキップ接続は、勾配を他の層に伝搬させることで、勾配消失の問題を解決しま
す。非常に大きな畳み込みニューラルネットワークでも、性能を落とすことなく学習できま
す。通常大規模なニューラルネットワークを使用している場合、ある時点で学習損失が増加
しますが、スキップ接続を用いて対応しています。図 9.7 を見るとよく分かります。

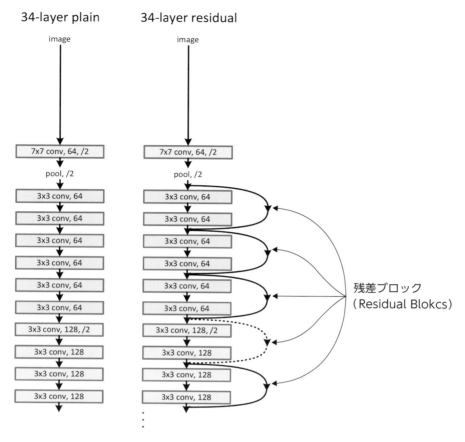

図 9.7　通常の畳み込みニューラルネットワークと残差ブロック付きの構造の比較[8]**。スキップ接続に注目。この図では最終層が省略されていることに注意**

　残差ブロックを理解するのはとても簡単です。 ある層から出力を取り出し、いくつかの層をスキップして、ネットワークのさらに先の層に追加します。 点線では最大プーリングが使用されており、出力のサイズが変わるため、入力の形状を調整する必要があります。

　ResNet には層の深さが異なるさまざまな種類があります。 18 層、34 層、50 層、101層、152 層があり、いずれも ImageNet データセットで事前学習した重みが用意されています。 最近では事前学習されたモデルは（ほとんど）すべての用途に使えますが、たとえば、resnet-50 ではなく resnet-18 から始めるなど、より小さなモデルから始めることをお勧めします。 ImageNet による事前学習済みモデルには次のようなものがあります。

＊8　K. He, X. Zhang, S. Ren and J. Sun, Deep residual learning for image recognition, 2015.

- Inception
- DenseNet（複数の種類）
- NASNet
- PNASNet
- VGG
- Xception
- ResNeXt
- EfficientNe

　事前学習された最先端のモデルの大半は、`pytorch-pretrainedmodels` リポジトリ（GitHub：`https://github.com/Cadene/pretrained-models.pytorch`）で確認できます[9]。 モデルの詳細については、本章（および本書）の範囲外です。 ここでは応用のみに興味があるので、事前学習済みモデルをセグメンテーションの問題でどのように使用するかを見てみましょう。

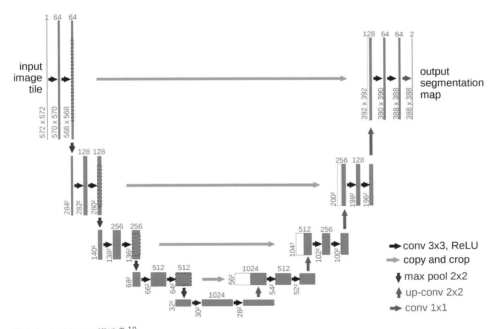

図 9.8　U-Net の構造[10]

＊9　近年は更新が滞っており、代わりに timm（`https://github.com/rwightman/pytorch-image-models`）というライブラリが多く利用されています。

＊10　O. Ronneberger, P. Fischer and T. Brox. U-Net: Convolutional networks for biomedical image segmentation. In MICCAI, 2015.

　セグメンテーション（segmentation）は、コンピュータビジョンでは非常に一般的な問題です。 セグメンテーションでは、背景からの前景の抽出を試みます。 前景と背景には異なる定義があります。 画素単位で、与えられた画像の各画素にクラスを割り当てる問題であるとみなせます。 肺気胸のデータセットは、実際にはセグメンテーションの問題を想定しています。 与えられた胸部 X 線画像に対して、気胸部分を抽出することが求められます。 セグメンテーションの問題に使用される最も一般的なモデルは、**U-Net** です。 構造を図 9.8 に示します。

　U-Net はエンコーダとデコーダの 2 つから成ります。 エンコーダは、今まで見てきた畳み込みニューラルネットワークと同じです。 しかし、デコーダは少し違います。 デコーダは逆畳み込み層で構成されています。 逆畳み込み（up-convolutions）／**転置畳み込み（transposed convolutions）**では、小さな画像に適用すると大きな画像になるようなフィルタを使います。 PyTorch では、この操作に ConvTranspose2d を使えます。 注意しなければならないのは、逆畳み込みはアップサンプリング（up-sampling）と異なるということです。 アップサンプリングは、画像に関数を適用してサイズを変更するという単純な処理です。 逆畳み込みでは、フィルタを学習します。 エンコーダの一部を、デコーダの一部の入力とします。 逆畳み込み層で重要な点です。

　U-Net がどのように実装されているか見てみましょう。

simple_unet.py

```python
import torch
import torch.nn as nn
from torch.nn import functional as F


def double_conv(in_channels, out_channels):
    """
    活性化関数 ReLU 付きの 2 つの畳み込み層を適用する関数
    :param in_channels: 入力チャンネル数
    :param out_channels: 出力チャンネル数
    :return: 定義した層
    """
    conv = nn.Sequential(
        nn.Conv2d(in_channels, out_channels, kernel_size=3),
        nn.ReLU(inplace=True),
        nn.Conv2d(out_channels, out_channels, kernel_size=3),
        nn.ReLU(inplace=True)
    )
    return conv


def crop_tensor(tensor, target_tensor):
```

```python
    """
    target_tensor のサイズまで tensor の中心を切り出す（crop）
    unet のこの実装にのみ適用可能な関数
    他のネットワークやその他の例に適用できない仮定がいくつか存在
    形状は（bs, c, h, w）
    :param tensor: 入力のテンソル
    :param target_tensor: 小さいサイズのテンソル
    :return: 切り出されたテンソル
    """
    target_size = target_tensor.size()[2]
    tensor_size = tensor.size()[2]
    delta = tensor_size - target_size
    delta = delta // 2
    return tensor[
        :,
        :,
        delta:tensor_size - delta,
        delta:tensor_size - delta
    ]


class UNet(nn.Module):
    def __init__(self):
        super(UNet, self).__init__()

        # 最大プーリング層は1つのみ定義
        self.max_pool_2x2 = nn.MaxPool2d(kernel_size=2, stride=2)

        self.down_conv_1 = double_conv(1, 64)
        self.down_conv_2 = double_conv(64, 128)
        self.down_conv_3 = double_conv(128, 256)
        self.down_conv_4 = double_conv(256, 512)
        self.down_conv_5 = double_conv(512, 1024)

        self.up_trans_1 = nn.ConvTranspose2d(
            in_channels=1024,
            out_channels=512,
            kernel_size=2,
            stride=2
        )
        self.up_conv_1 = double_conv(1024, 512)

        self.up_trans_2 = nn.ConvTranspose2d(
            in_channels=512,
            out_channels=256,
            kernel_size=2,
            stride=2
        )
        self.up_conv_2 = double_conv(512, 256)
```

```python
        self.up_trans_3 = nn.ConvTranspose2d(
            in_channels=256,
            out_channels=128,
            kernel_size=2,
            stride=2
        )
        self.up_conv_3 = double_conv(256, 128)

        self.up_trans_4 = nn.ConvTranspose2d(
            in_channels=128,
            out_channels=64,
            kernel_size=2,
            stride=2
        )
        self.up_conv_4 = double_conv(128, 64)

        self.out = nn.Conv2d(
            in_channels=64,
            out_channels=2,
            kernel_size=1
        )

    def forward(self, image):
        # エンコーダ
        x1 = self.down_conv_1(image)
        x2 = self.max_pool_2x2(x1)
        x3 = self.down_conv_2(x2)
        x4 = self.max_pool_2x2(x3)
        x5 = self.down_conv_3(x4)
        x6 = self.max_pool_2x2(x5)
        x7 = self.down_conv_4(x6)
        x8 = self.max_pool_2x2(x7)
        x9 = self.down_conv_5(x8)

        # デコーダ
        x = self.up_trans_1(x9)
        y = crop_tensor(x7, x)
        x = self.up_conv_1(torch.cat([x, y], axis=1))
        x = self.up_trans_2(x)
        y = crop_tensor(x5, x)
        x = self.up_conv_2(torch.cat([x, y], axis=1))
        x = self.up_trans_3(x)
        y = crop_tensor(x3, x)
        x = self.up_conv_3(torch.cat([x, y], axis=1))
        x = self.up_trans_4(x)
        y = crop_tensor(x1, x)
        x = self.up_conv_4(torch.cat([x, y], axis=1))
```

```
        # 出力層
        out = self.out(x)

        return out


if __name__ == "__main__":
    image = torch.rand((1, 1, 572, 572))
    model = UNet()
    print(model(image))
```

　なお上記で紹介した U-Net の実装は、先に紹介した大元の論文の実装です。インターネット上には多くの派生系があります。アップサンプリングに転置畳み込みではなくバイリニア法を好む人もいます。論文で提案された実装ではありませんが、性能は良いかもしれません。上に示した実装では、1 つのチャンネルの画像から、前景と背景の 2 つのチャンネルが出力されています。ご覧のように、任意の数のクラスと入力チャンネルに合わせて、非常に簡単に拡張できます。この実装では、パディングなしの畳み込みを使用しているため、入力画像と出力画像のサイズは異なります。

　U-Net のエンコーダ部分は、単純な畳み込みネットワークに過ぎません。したがって、ResNet のような任意のネットワークに置き換えられます。事前に学習された重みも利用可能です。ImageNet で事前学習された ResNet ベースのエンコーダと、一般的なデコーダを使用できます。ResNet の代わりに、さまざまなネットワーク構造も使えます。**Pavel Yakubovskiy** による Segmentation Models PyTorch [11] の実装では、エンコーダを事前学習されたさまざまな多様なモデルで置き換えられます。気胸の検出問題に ResNet ベースの U-Net を適用してみましょう。

　このような問題の多くは、入力として元画像とマスクの 2 つが存在します。複数のオブジェクトがある場合は、複数のマスクが存在します。今回の肺気胸のデータセットでは、連長圧縮（RLE）された情報が用意されています。RLE は run-length-encoding の略で、系列長を圧縮しつつ二値のマスクを表現する方法です。RLE の詳細については、本章では説明しません。ここでは入力画像と対応するマスクがあると仮定します。まず、画像とマスクの画像を出力するデータセットのクラスを設計しましょう。このスクリプトは、ほとんどすべてのセグメンテーション問題に適用できるように作成します。学習用データセットは、ファイル名でもある画像インデックス名のみを含む CSV ファイルです。

＊11　https://github.com/qubvel/segmentation_models.pytorch

215

dataset.py

```python
import os
import glob
import torch

import numpy as np
import pandas as pd

from PIL import Image, ImageFile

from tqdm import tqdm
from collections import defaultdict
from torchvision import transforms

from albumentations import (
    Compose,
    OneOf,
    RandomBrightnessContrast,
    RandomGamma,
    ShiftScaleRotate,
)

ImageFile.LOAD_TRUNCATED_IMAGES = True


class SIIMDataset(torch.utils.data.Dataset):
    def __init__(
        self,
        image_ids,
        transform=True,
        preprocessing_fn=None
    ):
        """
        セグメンテーション用のデータセットのクラス
        :param image_ids: 画像インデックスのリスト
        :param transform: データ拡張するか否かの真偽値、検証時はデータ拡張しない
        :param preprocessing_fn: 画像の前処理の関数
        """
        # 元画像とマスクのパスを格納する辞書
        self.data = defaultdict(dict)

        # データ拡張
        self.transform = transform

        # 画像を正規化する前処理の関数
        self.preprocessing_fn = preprocessing_fn

        # albumentation によるデータ拡張
        # 移動・拡大縮小・回転を 80%の確率で適用
```

```python
        # その後に、ガンマ変換か明るさ／コントラストの変換を適用
        # 元画像とマスクをどのようにデータ拡張するか定義
        self.aug = Compose(
                [
                        ShiftScaleRotate(
                            shift_limit=0.0625,
                            scale_limit=0.1,
                            rotate_limit=10, p=0.8
                        ),
                        OneOf(
                            [
                                RandomGamma(
                                    gamma_limit=(90, 110)
                                ),
                                RandomBrightnessContrast(
                                    brightness_limit=0.1,
                                    contrast_limit=0.1
                                ),
                            ],
                            p=0.5,
                        ),
                ]
        )

        # すべての画像インデックスについてのループ
        for imgid in image_ids:
            files = glob.glob(os.path.join(TRAIN_PATH, imgid, "*.png"))
            self.data[counter] = {
                "img_path": os.path.join(
                    TRAIN_PATH, imgid + ".png"
                ),
                "mask_path": os.path.join(
                    TRAIN_PATH, imgid + "_mask.png"
                ),
            }

    def __len__(self):
        # データセットの大きさを返す
        return len(self.data)

    def __getitem__(self, item):
        # 指定されたインデックスに対して、元画像とマスクを読み込んで返す
        img_path = self.data[item]["img_path"]
        mask_path = self.data[item]["mask_path"]

        # 画像を読み込んで RGB に変換
        img = Image.open(img_path)
        img = img.convert("RGB")
```

```
    # PIL 形式の画像を numpy 配列に変換
    img = np.array(img)

    # マスク画像の読み込み
    mask = Image.open(mask_path)

    # float32 型の二値行列に変換
    mask = (mask >= 1).astype("float32")

    # 学習用データセットに対してはデータ拡張を適用
    if self.transform is True:
        augmented = self.aug(image=img, mask=mask)
        img = augmented["image"]
        mask = augmented["mask"]

    # 画像の前処理
    # ここでは正規化
    img = self.preprocessing_fn(img)

    # 画像とマスクのテンソルを返す
    return {
        "image": transforms.ToTensor()(img),
        "mask": transforms.ToTensor()(mask).float(),
    }
```

データセットのクラスを準備した後は、学習用の関数を作成します。

train.py

```
import os
import sys
import torch

import numpy as np
import pandas as pd
import segmentation_models_pytorch as smp
import torch.nn as nn
import torch.optim as optim

from apex import amp
from collections import OrderedÐict
from sklearn import model_selection
from tqdm import tqdm
from torch.optim import lr_scheduler

from dataset import SIIMÐataset
```

```python
# 学習用の CSV ファイルの読み込み
TRAINING_CSV = "../input/train_pneumothorax.csv"

# 学習用と評価用のバッチサイズ
TRAINING_BATCH_SIZE = 16
TEST_BATCH_SIZE = 4

# エポック数
EPOCHS = 10

# U-Net のエンコーダの定義
# 対応しているエンコーダについては以下を参照
# https://github.com/qubvel/segmentation_models.pytorch
ENCODER = "resnet18"

# ImageNet で事前学習済みの重みをエンコーダで利用
ENCODER_WEIGHTS = "imagenet"

# GPU で学習
DEVICE = "cuda"

def train(dataset, data_loader, model, criterion, optimizer):
    """
    1 エポック学習する関数
    :param dataset: データセットのクラス（SIIMDataset）
    :param data_loader: データローダ
    :param model: モデル
    :param criterion: 損失関数
    :param optimizer: オプティマイザ
    """
    # モデルを学習モードに
    model.train()

    # バッチ数を計算
    num_batches = int(len(dataset) / data_loader.batch_size)

    # 進捗を可視化する tqdm の初期化
    tk0 = tqdm(data_loader, total=num_batches)

    # すべてのバッチについてのループ
    for d in tk0:
        # バッチから元画像とマスクを取り出す
        inputs = d["image"]
        targets = d["mask"]

        # 元画像とマスクをデバイスに転送
        inputs = inputs.to(DEVICE, dtype=torch.float)
        targets = targets.to(DEVICE, dtype=torch.float)
```

```python
        # オプティマイザの勾配を 0 で初期化
        optimizer.zero_grad()

        # モデルの学習
        outputs = model(inputs)

        # 損失の計算
        loss = criterion(outputs, targets)

        # 混合精度学習における損失スケーリング
        # 混合精度学習を使わない場合は、この 2 行を削除して loss.backward() を利用
        with amp.scale_loss(loss, optimizer) as scaled_loss:
            scaled_loss.backward()

        # パラメータ更新
        optimizer.step()

    # tqdm の終了
    tk0.close()


def evaluate(dataset, data_loader, model):
    """
    1 エポック評価する関数
    :param dataset: データセットのクラス (SIIMDataset)
    :param data_loader: データローダ
    :param model: モデル
    """
    # モデルを評価モードに
    model.eval()
    # 損失を 0 で初期化
    final_loss = 0
    # バッチ数の計算と tqdm の初期化
    num_batches = int(len(dataset) / data_loader.batch_size)
    tk0 = tqdm(data_loader, total=num_batches)

    # メモリ節約のために勾配を計算しない
    with torch.no_grad():
        for d in tk0:
            inputs = d["image"]
            targets = d["mask"]
            inputs = inputs.to(DEVICE, dtype=torch.float)
            targets = targets.to(DEVICE, dtype=torch.float)
            output = model(inputs)
            loss = criterion(output, targets)
            # 計算した損失の追加
            final_loss += loss
    # tqdm の終了
    tk0.close()
```

```python
        # バッチ平均の損失を返す
        return final_loss / num_batches


if __name__ == "__main__":

    # 学習用の CSV ファイルの読み込み
    df = pd.read_csv(TRAINING_CSV)

    # データセットを学習用と検証用に分割
    df_train, df_valid = model_selection.train_test_split(
        df, random_state=42, test_size=0.1
    )

    # 学習用と検証用の画像
    training_images = df_train.image_id.values
    validation_images = df_valid.image_id.values

    # エンコーダ構造を指定して UNet モデルを Segmentation Models Pytorch から取得
    model = smp.Unet(
        encoder_name=ENCODER,
        encoder_weights=ENCODER_WEIGHTS,
        classes=1,
        activation=None,
    )
    # Segmentation Models Pytorch では、正規化などの前処理の関数を指定できる
    # 正規化は元画像のみに適用し、マスクには適用しない
    prep_fn = smp.encoders.get_preprocessing_fn(
        ENCODER,
        ENCODER_WEIGHTS
    )

    # モデルをデバイスに転送
    model.to(DEVICE)
    # 学習用データセットの準備
    # データ拡張を適用
    train_dataset = SIIMDataset(
        training_images,
        transform=True,
        preprocessing_fn=prep_fn,
    )

    # データローダの準備
    train_loader = torch.utils.data.DataLoader(
        train_dataset,
        batch_size=TRAINING_BATCH_SIZE,
        shuffle=True,
        num_workers=12
    )
```

```python
    # 検証用データセットの準備
    # データ拡張は適用しない
    valid_dataset = SIIMDataset(
        validation_images,
        transform=False,
        preprocessing_fn=prep_fn,
    )

    # データローダの準備
    valid_loader = torch.utils.data.DataLoader(
        valid_dataset,
        batch_size=TEST_BATCH_SIZE,
        shuffle=True,
        num_workers=4
    )

    # ここで損失関数を定義しないと動かない
    # 読者の演習問題とする
    # criterion = ……

    # 早期の収束を目指し、オプティマイザには Adam を利用
    optimizer = torch.optim.Adam(model.parameters(), lr=1e-3)
    # 検証用データセットに対する性能が止まったら学習率を下げる
    scheduler = lr_scheduler.ReduceLROnPlateau(
        optimizer, mode="min", patience=3, verbose=True
    )
    # 混合精度学習のため、モデルとオプティマイザに NVIDIA の apex を適用
    # 混合精度に対応している GPU の場合、より大規模な画像やバッチで学習できる
    model, optimizer = amp.initialize(
        model, optimizer, opt_level="O1", verbosity=0
    )
    # 複数 GPU が利用可能な場合、並列処理
    if torch.cuda.device_count() > 1:
        print(f"Let's use {torch.cuda.device_count()} GPUs!")
        model = nn.DataParallel(model)

    # 出力
    print(f"Training batch size: {TRAINING_BATCH_SIZE}")
    print(f"Test batch size: {TEST_BATCH_SIZE}")
    print(f"Epochs: {EPOCHS}")
    print(f"Image size: {IMAGE_SIZE}")
    print(f"Number of training images: {len(train_dataset)}")
    print(f"Number of validation images: {len(valid_dataset)}")
    print(f"Encoder: {ENCODER}")

    # エポック
    for epoch in range(EPOCHS):
        print(f"Training Epoch: {epoch}")
```

```python
# 1エポック学習
train(
    train_dataset,
    train_loader,
    model,
    criterion,
    optimizer
)
print(f"Validation Epoch: {epoch}")
# 検証用データセットに対する損失の計算
val_log = evaluate(
    valid_dataset,
    valid_loader,
    model
)
# スケジューラの更新
scheduler.step(val_log["loss"])
print("\n")
```

　セグメンテーションの問題では、画素単位の二値交差エントロピー（binary cross entropy）、focal loss、dice loss など、さまざまな損失関数を使用できます。 評価指標に応じて適切な損失関数を決める方法については、読者にお任せします。 このようなモデルを学習すると、図 9.9 のように気胸の位置を予測するモデルができ上がります。 上記のコードでは、**NVIDIA apex** を用いて混合精度学習を行っています。 なお、バージョン 1.6.0 以降からは PyTorch 内に組み込まれた apex が利用可能になりました。

第0章
第1章
第2章
第3章
第4章
第5章
第6章
第7章
第8章
第9章
第10章
第11章
第12章

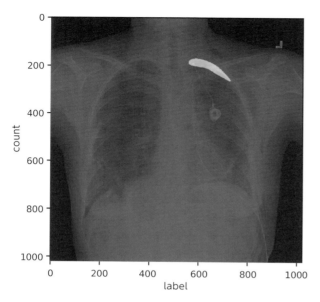

図 9.9 学習したモデルによる気胸の検出例 (正しい予測ではないかもしれない)

よく使われる関数を Well That's Fantastic Machine Learning (WTFML) という Python パッケージにまとめました[12]。 2020 年に開かれた国際学会のワークショップ「FGVC7」の課題を例に[13]、植物画像の多クラス分類モデルの構築方法を見てみましょう。

```python
import os

import pandas as pd
import numpy as np

import albumentations
import argparse
import torch
import torchvision
import torch.nn as nn
import torch.nn.functional as F

from sklearn import metrics
```

---

[12] 2021 年現在、閲覧可能ですがアーカイブされています。
https://github.com/abhishekkrthakur/wtfml

[13] Ranjita Thapa , Noah Snavely , Serge Belongie , Awais Khan. The Plant Pathology 2020 challenge dataset to classify foliar disease of apples. ArXiv e-prints.

```python
from sklearn.model_selection import train_test_split

from wtfml.engine import Engine
from wtfml.data_loaders.image import ClassificationDataLoader


class DenseCrossEntropy(nn.Module):
    # 参照 : https://www.kaggle.com/pestipeti/plant-pathology-2020-pytorch
    def __init__(self):
        super(DenseCrossEntropy, self).__init__()

    def forward(self, logits, labels):
        logits = logits.float()
        labels = labels.float()

        logprobs = F.log_softmax(logits, dim=-1)

        loss = -labels * logprobs
        loss = loss.sum(-1)

        return loss.mean()


class Model(nn.Module):
    def __init__(self):
        super().__init__()
        self.base_model = torchvision.models.resnet18(pretrained=True)
        in_features = self.base_model.fc.in_features
        self.out = nn.Linear(in_features, 4)

    def forward(self, image, targets=None):
        batch_size, C, H, W = image.shape

        x = self.base_model.conv1(image)
        x = self.base_model.bn1(x)
        x = self.base_model.relu(x)
        x = self.base_model.maxpool(x)

        x = self.base_model.layer1(x)
        x = self.base_model.layer2(x)
        x = self.base_model.layer3(x)
        x = self.base_model.layer4(x)

        x = F.adaptive_avg_pool2d(x, 1).reshape(batch_size, -1)
        x = self.out(x)

        loss = None
        if targets is not None:
            loss = DenseCrossEntropy()(x, targets.type_as(x))
```

```
        return x, loss


if __name__ == "__main__":
    parser = argparse.ArgumentParser()
    parser.add_argument(
        "--data_path", type=str,
    )
    parser.add_argument(
        "--device", type=str,
    )
    parser.add_argument(
        "--epochs", type=int,
    )
    args = parser.parse_args()

    df = pd.read_csv(os.path.join(args.data_path, "train.csv"))
    images = df.image_id.values.tolist()
    images = [
        os.path.join(args.data_path, "images", i + ".jpg")
        for i in images
    ]
    targets = df[["healthy", "multiple_diseases", "rust", "scab"]].values

    model = Model()
    model.to(args.device)

    mean = (0.485, 0.456, 0.406)
    std = (0.229, 0.224, 0.225)
    aug = albumentations.Compose(
        [
            albumentations.Normalize(
                mean,
                std,
                max_pixel_value=255.0,
                always_apply=True
            )
        ]
    )

    (
        train_images, valid_images,
        train_targets, valid_targets
    ) = train_test_split(images, targets)

    train_loader = ClassificationDataLoader(
        image_paths=train_images,
        targets=train_targets,
```

```python
        resize=(128, 128),
        augmentations=aug,
    ).fetch(
        batch_size=16,
        num_workers=4,
        drop_last=False,
        shuffle=True,
        tpu=False
    )

    valid_loader = ClassificationDataLoader(
        image_paths=valid_images,
        targets=valid_targets,
        resize=(128, 128),
        augmentations=aug,
    ).fetch(
        batch_size=16,
        num_workers=4,
        drop_last=False,
        shuffle=False,
        tpu=False
    )

    optimizer = torch.optim.Adam(model.parameters(), lr=5e-4)
    scheduler = torch.optim.lr_scheduler.StepLR(
        optimizer, step_size=15, gamma=0.6
    )

    for epoch in range(args.epochs):
        train_loss = Engine.train(
            train_loader, model, optimizer, device=args.device
        )
        valid_loss = Engine.evaluate(
            valid_loader, model, device=args.device
        )
        print(
            f"{epoch}, Train Loss={train_loss} Valid Loss={valid_loss}"
        )
```

データを取得した後[*14]、次のようにコードを実行します。

```
❯ python plant.py --data_path ../../plant_pathology --device cuda -- epochs 2
100%┊ ████████████████ ┊ 86/86 [00:12<00:00, 6.73it/s, loss=0.723] 100%┊
████████████████ 29/29 [00:04<00:00, 6.62it/s, loss=0.433]
0, Train Loss=0.7228777609592261 Valid Loss=0.4327834551704341 100%┊ ████████
████████ ┊ 86/86 [00:12<00:00, 6.74it/s, loss=0.271] 100%┊ ████████████
██████ 29/29 [00:04<00:00, 6.63it/s, loss=0.568]
1, Train Loss=0.2708700496790021 Valid Loss=0.56841839541649
```

ご覧のように、この方法は簡潔で、コードを読んで理解しやすくします。 ラッパー[*15]を使わない PyTorch が最良の方法です。 画像には分類以外にもたくさんの問題があり、すべてについて書き始めると、別の本が必要になります。" **Approaching (Almost) Any Image Problem**"に乞うご期待ください。

---

*14 https://www.kaggle.com/c/plant-pathology-2020-fgvc7
*15 PyTorch では、一連の学習コードの記述を簡略化できるさまざまな「ラッパー」用のライブラリが提供されています。

第 **10** 章

テキストの分類・回帰へのアプローチ

テキスト問題は私のお気に入りです。 一般的には**自然言語処理（Natural Language Processing、NLP）** 問題とも呼ばれています。 自然言語処理の問題も画像と同様に、表形式の問題とはかなり異なっています。 これまで作ったことのない一連の処理を作る必要があります。 良いモデルを作るためには、事業を理解する必要があります。 ちなみに、これは機械学習の何にでも言えることです。 モデルを構築することである程度までは到達できますが、事業を改善し貢献するためには、機械学習モデルが事業に与える影響を理解していなければなりません。 哲学的な話はここまでにしておきます。

自然言語処理の問題にはさまざまな種類がありますが、最も多いのは文字列の分類です。 表計算や画像はうまくできても、文字列となるとどこから手をつけて良いか分からないという話もよく聞きます。 テキストデータも他のデータセットと変わりません。 コンピュータにとっては、すべてが数字です。

たとえば、感情の分類という基本的な問題から始めましょう。 今回は、映画のレビューから感情を分類してみます。 テキストと、関連する感情があります。 このような問題にどのように取り組みますか。 深層ニューラルネットワークを適用しますか。 もしかすると、マペットが助けに来てくれるかもしれません[*1]。 いや、絶対に間違っています。 まずは基本から始めましょう。 このデータがどんなものか見てみます。

IMDB の映画レビューデータセット[*2] を使用します。 このデータセットは、肯定的な感情（positive）を持つ 25000 のレビューと否定的な感情（negative）を持つ 25000 のレビュー（review）で構成されています。

ここで紹介する考え方は、ほとんどすべてのテキスト分類データセットに適用できます。

このデータセットはとても理解しやすいです。 1 つのレビューに 1 つの目的変数が紐付いています。 文ではなくレビューと書いたことに注目してください。 レビューは、たくさんの文の集まりです。 今までは、1 つの文だけを分類していたかもしれませんが、この問題では複数の文を分類していきます。 簡単に言うと、1 つの文だけが感情に寄与するのではなく、複数の文から得られるスコアを組み合わせて感情スコアを算出するということです。 データセットの一部を図 10.1 に示します。

[*1] マペットはアメリカのテレビ番組や映画に登場する人形劇の一団。日本でも放送された『セサミストリート』などにも登場しました。近年の自然言語処理モデルには、BERT などマペットの一員の名前が多く利用されています。

[*2] Maas, Andrew L, Daly, Raymond E, Pham, Peter T, Huang, Dan, Ng, Andrew Y, and Potts, Christopher. Learning word vectors for sentiment analysis. In Proceedings of the 49th Annual Meeting of the Association for Computational Linguistics: Human Language Technologies-Volume 1, pp. 142–150. Association for Computational Linguistics, 2011.

	review	sentiment
0	One of the other reviewers has mentioned that ...	positive
1	A wonderful little production. The...	positive
2	I thought this was a wonderful way to spend ti...	positive
3	Basically there's a family where a little boy ...	negative
4	Petter Mattei's "Love in the Time of Money" is...	positive

図 10.1　IMDB の映画レビューデータセットの例

このような問題に対して、どこから着手すれば良いでしょうか。

　簡単な方法は、お手製の単語リストを 2 つ作ることです。 1 つのリストには「good」「awesome」「nice」といった想像できるすべての肯定的な言葉を、もう 1 つのリストには「bad」「evil」といったすべての否定的な言葉を格納しておきます。 この本が 18 禁になってしまうので、いくつかの悪い言葉を載せるのは自粛しておきます。 リストがあれば、予測のモデルは必要ありません。 これらのリストは、極性辞書とも呼ばれています。 インターネット上には、さまざまな言語のリストがたくさん公開されています。

　文章の中の肯定的な単語と否定的な単語の登場回数を数えると良いでしょう。 肯定的な単語の数が多ければ肯定的な感情であり、否定的な単語の数が多ければ否定的な感情を持つ文章だといえます。 いずれも文中に存在しない場合は、中立的な感情を持っているといえます。 これは最も古典的な方法の 1 つで、現在でも使われています。 コード量もあまり必要ありません。

```python
def find_sentiment(sentence, pos, neg):
    """
    文章の感情を返す関数
    :param sentence: 文章、文字列型
    :param pos: 肯定的な単語のセット
    :param neg: 否定的な単語のセット
    :return: 肯定的、否定的、中立的のいずれか
    """

    # 半角スペースで文章を分割
    # "this is a sentence!" は ["this", "is" "a", "sentence!"] になる
    # ここでは 1 つ以上の半角スペースで区切っている
    # もし意図的に 1 つの半角スペースで区切りたい場合は .split(" ") を使う
    sentence = sentence.split()

    # 文のリストをセットに変換
    sentence = set(sentence)
```

```
# 肯定的な単語のセットと共通している単語数
num_common_pos = len(sentence.intersection(pos))

# 否定的な単語のセットと共通している単語数
num_common_neg = len(sentence.intersection(neg))

# 条件分岐
# 早期リターンで if else を回避している
if num_common_pos > num_common_neg:
    return "positive"
if num_common_pos < num_common_neg:
    return "negative"
return "neutral"
```

しかし、このような方法は、多くのことを考慮していません。split() の処理も完璧ではないことに気づく方もいるでしょう。split() を使うと、1行目の文章が次の行のように処理されます。

"hi, how are you?"
["hi,", "how", "are", "you?"]

カンマとクエスチョンマークが分割されておらず、理想的ではありません。分割の前に、特殊文字に対応する前処理が必須です。文字列を単語のリストに分割することを**トークン化 (tokenization)** といいます[3]。最もよく知られているトークン化のためのライブラリに、**NLTK (Natural Language Tool Kit)** があります。

```
In [X]: from nltk.tokenize import word_tokenize

In [X]: sentence = "hi, how are you?"

In [X]: sentence.split()
Out[X]: ['hi,', 'how', 'are', 'you?']

In [X]: word_tokenize(sentence)
Out[X]: ['hi', ',', 'how', 'are', 'you', '?']
```

＊3　トークン化の処理を行うモデルをトークナイザ (tokenizer) と呼びます。

ご覧のように、NLTK のトークナイザを使用すると、同じ文章がより良い方法で分割されます。単語のリストを使った比較も、より効果的になります。感情を検出する最初のモデルに適用しましょう。

　自然言語処理の分類問題で必ず試すべき基本的なモデルの 1 つが **bag of words** です。bag of words では、コーパス（corpus）、つまりすべての文書・文章内のすべての単語の登場回数を格納する巨大な疎行列を作成します。scikit-learn の CountVectorizer を使用します。仕組みを見てみましょう。

```python
from sklearn.feature_extraction.text import CountVectorizer

# 文章のコーパスを作成
corpus = [
    "hello, how are you?",
    "im getting bored at home. And you? What do you think?",
    "did you know about counts",
    "let's see if this works!",
    "YES!!!!"
]

# CountVectorizer の初期化
ctv = CountVectorizer()

# 学習
ctv.fit(corpus)

corpus_transformed = ctv.transform(corpus)
```

　corpus_transformed を出力すると、次のようになります。

```
  (0, 2)    1
  (0, 9)    1
  (0, 11)   1
  (0, 22)   1
  (1, 1)    1
  (1, 3)    1
  (1, 4)    1
  (1, 7)    1
  (1, 8)    1
  (1, 10)   1
  (1, 13)   1
  (1, 17)   1
  (1, 19)   1
  (1, 22)   2
```

```
(2, 0)    1
(2, 5)    1
(2, 6)    1
(2, 14)   1
(2, 22)   1
(3, 12)   1
(3, 15)   1
(3, 16)   1
(3, 18)   1
(3, 20)   1
(4, 21)   1
```

この表現は、これまでの章で既に見てきました。疎な表現です。つまりコーパスは、サンプル1には4つの要素、サンプル2には10の要素、そしてサンプル3には5つの要素というような疎行列で表現されます。各要素には、登場回数が紐付いています。2回あるものもあれば、1回しかないものもあります。たとえば、サンプル2（1行目）では、22列目の値が2になっています。これはなぜでしょうか。22列目とはなぜでしょうか。

CountVectorizerでは、まず文をトークン化して、各トークンに値を割り当てます。つまり、各トークンは一意のインデックスで表されます。インデックスは、先ほどの列に該当します。CountVectorizerはこの情報を保存します。

```
In [X]: print(ctv.vocabulary_)
Out[X]:
{'hello': 9, 'how': 11, 'are': 2, 'you': 22, 'im': 13, 'getting': 8, 'bored': 4,
'at': 3, 'home': 10, 'and': 1, 'what': 19, 'do': 7, 'think': 17, 'did': 6, 'know':
14, 'about': 0, 'counts': 5, 'let': 15, 'see': 16, 'if': 12, 'this': 18, 'works':
20, 'yes': 21}
```

インデックス22は「you」で、第2文では「you」が2回使われています。bag of wordsの意味が分かったと思います。しかし、いくつかの特殊文字が欠けています。特殊文字が役に立つこともあるのです。たとえば「?」はほとんどの文章で質問を表します。scikit-learnのword_tokenizeをCountVectorizerで利用すると何が起こるか見てみましょう。

```
from sklearn.feature_extraction.text import CountVectorizer
from nltk.tokenize import word_tokenize


# 文章のコーパスを作成
corpus = [
    "hello, how are you?",
    "im getting bored at home. And you? What do you think?",
```

```
    "did you know about counts",
    "let's see if this works!",
    "YES!!!!"
]

# トークナイザに nltk の word_tokenize を指定して CountVectorizer の初期化
ctv = CountVectorizer(tokenizer=word_tokenize, token_pattern=None)

# 学習
ctv.fit(corpus)

corpus_transformed = ctv.transform(corpus)
print(ctv.vocabulary_)
```

語彙は次のように変わります。

```
{'hello': 14, ',': 2, 'how':16, 'are': 7, 'you': 27, '?':4, 'im': 18, 'getting':
13, 'bored': 9, 'at': 8, 'home': 15, '.': 3, 'and':6, 'what': 24, 'do': 12,
'think': 22, 'did':11, 'know':19, 'about': 5, 'counts':10, 'let': 20, "'s":1,
'see': 21, 'if':17, 'this': 23, 'works': 25, '!': 0, 'yes': 26}.
```

　語彙数が増えました。 IMDB データセットのすべての文を使って疎行列を作成し、モデルを構築できます。 肯定的なサンプルと否定的なサンプルの比率が 1:1 であるため、正答率を指標として使用できます。 StratifiedKFold を使い、5 分割の交差検証で学習するための 1 つのスクリプトを作成します。 どのモデルを使えば良いでしょうか。 高次元の疎なデータに最も適したモデルは何でしょうか。 ロジスティック回帰です。 まずは、このデータセットにロジスティック回帰を使用し、最初の実際のベンチマークを作成します。

　具体的な方法を見てみましょう。

```
# 必要なライブラリの読み込み
import pandas as pd

from nltk.tokenize import word_tokenize
from sklearn import linear_model
from sklearn import metrics
from sklearn import model_selection
from sklearn.feature_extraction.text import CountVectorizer


if __name__ == "__main__":
    # 学習用データセットの読み込み
    df = pd.read_csv("../input/imdb.csv")
```

```python
# 肯定的、否定的をそれぞれ 1 と 0 に置換
df.sentiment = df.sentiment.apply(
    lambda x: 1 if x == "positive" else 0
)

# kfold という新しい列を作り、-1 で初期化
df["kfold"] = -1

# サンプルをシャッフル
df = df.sample(frac=1).reset_index(drop=True)

# 目的変数の取り出し
y = df.sentiment.values

# KFold クラスの初期化
kf = model_selection.StratifiedKFold(n_splits=5)

# kfold 列を埋める
for f, (t_, v_) in enumerate(kf.split(X=df, y=y)):
    df.loc[v_, 'kfold'] = f

# 各分割についてのループ
for fold_ in range(5):
    # 学習用と評価用に分割
    train_df = df[df.kfold != fold_].reset_index(drop=True)
    test_df = df[df.kfold == fold_].reset_index(drop=True)

    # トークナイザに nltk の word_tokenize を指定して CountVectorizer の初期化
    count_vec = CountVectorizer(
        tokenizer=word_tokenize,
        token_pattern=None
    )

    # 学習
    count_vec.fit(train_df.review)

    # 学習用と評価用のデータセットを変形
    xtrain = count_vec.transform(train_df.review)
    xtest = count_vec.transform(test_df.review)

    # ロジスティック回帰モデルの初期化
    model = linear_model.LogisticRegression()

    # モデルの学習
    model.fit(xtrain, train_df.sentiment)

    # 評価用データセットに対する予測
    # 閾値は 0.5
```

```
        preds = model.predict(xtest)

        # 正答率の計算
        accuracy = metrics.accuracy_score(test_df.sentiment, preds)

        print(f"Fold: {fold_}")
        print(f"Accuracy = {accuracy}")
        print("")
```

コードの実行には時間がかかりますが、次のような出力が得られます。

```
❯ python ctv_logres.py
Fold: 0
Accuracy = 0.8903

Fold: 1
Accuracy = 0.897

Fold: 2
Accuracy = 0.891

Fold: 3
Accuracy = 0.8914

Fold: 4
Accuracy = 0.8931
```

すごい！ 既に89%の正答率を達成しています。 しかも、bag of words とロジスティック回帰を使っただけです。 とてもすごいですね。 しかし、モデルの学習にはかなりの時間がかかっています。 単純ベイズ分類器を使って、時間を短縮できるか見てみましょう。 疎行列が巨大なため、軽量な単純ベイズ分類器は、自然言語処理ではかなり人気があります。 このモデルを使うには、ライブラリ読み込みとモデル定義で、それぞれ1行ずつ変更する必要があります。 モデルの性能を見てみましょう。 scikit-learn の MultinomialNB を使用します。

```
# 必要なライブラリを読み込み
import pandas as pd

from nltk.tokenize import word_tokenize
from sklearn import naive_bayes
from sklearn import metrics
from sklearn import model_selection
from sklearn.feature_extraction.text import CountVectorizer
```

```
.
.
.
        # モデルの初期化
        model = naive_bayes.MultinomialNB()

        # モデルの学習
        model.fit(xtrain, train_df.sentiment)
.
.
.
```

結果は次のとおりです。

```
❯ python ctv_nb.py
Fold: 0
Accuracy = 0.8444

Fold: 1
Accuracy = 0.8499

Fold: 2
Accuracy = 0.8422

Fold: 3
Accuracy = 0.8443

Fold: 4
Accuracy = 0.8455
```

スコアは低いことが分かります。 しかし、単純ベイズ分類器は超高速です。

最近ではほとんどの人が無視したり、知ろうとしない傾向にある自然言語処理の手法に、**TF-IDF** があります。 TF とは単語の出現頻度、IDF とは逆文書頻度です。 言葉を聞くと難しく感じるかもしれませんが、TF と IDF の計算式を見ればすぐに分かります。

$$\text{TF}(t) = \frac{\text{単語 } t \text{ が文書中に出現する回数}}{\text{ドキュメント内の単語の総数}}$$

$$\text{IDF}(t) = \text{LOG}\left(\frac{\text{ドキュメントの数}}{\text{単語 } t \text{ が含まれる文書の数}} \right)$$

単語 t の TF-IDF は次のように定義されます。

$$\text{TF-IDF}(t) = \text{TF}(t) * \text{IDF}(t)$$

scikit-learn の CountVectorizer と同じように、TfidfVectorizer があります。
CountVectorizer と同様に使ってみましょう。

```python
from sklearn.feature_extraction.text import TfidfVectorizer
from nltk.tokenize import word_tokenize

# 文章のコーパスを作成
corpus = [
    "hello, how are you?",
    "im getting bored at home. And you? What do you think?",
    "did you know about counts",
    "let's see if this works!",
    "YES!!!!"
]

# トークナイザに nltk の word_tokenize を指定して TfidfVectorizer の初期化
tfv = TfidfVectorizer(tokenizer=word_tokenize, token_pattern=None)

# 学習
tfv.fit(corpus)

corpus_transformed = tfv.transform(corpus)
print(corpus_transformed)
```

次のような出力が得られます。

```
(0, 27)    0.2965698850220162
(0, 16)    0.4428321995085722
(0, 14)    0.4428321995085722
(0, 7)     0.4428321995085722
(0, 4)     0.35727423026525224
(0, 2)     0.4428321995085722
(1, 27)    0.35299699146792735
(1, 24)    0.2635440111190765
(1, 22)    0.2635440111190765
(1, 18)    0.2635440111190765
(1, 15)    0.2635440111190765
(1, 13)    0.2635440111190765
(1, 12)    0.2635440111190765
(1, 9)     0.2635440111190765
(1, 8)     0.2635440111190765
```

```
(1, 6)      0.2635440111190765
(1, 4)      0.42525129752567803
(1, 3)      0.2635440111190765
(2, 27)     0.31752680284846835
(2, 19)     0.4741246485558491
(2, 11)     0.4741246485558491
(2, 10)     0.4741246485558491
(2, 5)      0.4741246485558491
(3, 25)     0.38775666010579296
(3, 23)     0.38775666010579296
(3, 21)     0.38775666010579296
(3, 20)     0.38775666010579296
(3, 17)     0.38775666010579296
(3, 1)      0.38775666010579296
(3, 0)      0.3128396318588854
(4, 26)     0.2959842226518677
(4, 0)      0.9551928286692534
```

今回は整数ではなく、浮動小数点数になっていると分かります。CountVectorizer を TfidfVectorizer に置き換えるのも簡単です。scikit-learn には TfidfTransformer も あります。登場回数の値がある場合は、TfidfTransformer を使えば TfidfVectorizer と同じ挙動になります。

```python
# 必要なライブラリの読み込み
import pandas as pd

from nltk.tokenize import word_tokenize
from sklearn import linear_model
from sklearn import metrics
from sklearn import model_selection
from sklearn.feature_extraction.text import TfidfVectorizer
.
.
.

    # 各分割についてのループ
    for fold_ in range(5):
        # 学習用と評価用に分割
        train_df = df[df.kfold != fold_].reset_index(drop=True)
        test_df = df[df.kfold == fold_].reset_index(drop=True)

        # トークナイザに nltk の word_tokenize を指定して TfidfVectorizer の初期化
        tfidf_vec = TfidfVectorizer(
            tokenizer=word_tokenize,
            token_pattern=None
        )
```

```
# 学習
tfidf_vec.fit(train_df.review)

# 学習用と評価用のデータセットを変形
xtrain = tfidf_vec.transform(train_df.review)
xtest = tfidf_vec.transform(test_df.review)

# ロジスティック回帰モデルの初期化
model = linear_model.LogisticRegression()

# モデルの学習
model.fit(xtrain, train_df.sentiment)

# 評価用データセットに対する予測
# 閾値は 0.5
preds = model.predict(xtest)

# 正答率の計算
accuracy = metrics.accuracy_score(test_df.sentiment, preds)

print(f"Fold: {fold_}")
print(f"Accuracy = {accuracy}")
print("")
```

IMDB データセットで、TF-IDF とロジスティック回帰モデルの性能を見てみるのも面白い かもしれません。

```
❯ python tfv_logres.py
Fold: 0
Accuracy = 0.8976

Fold: 1
Accuracy = 0.8998

Fold: 2
Accuracy = 0.8948

Fold: 3
Accuracy = 0.8912

Fold: 4
Accuracy = 0.8995
```

CountVectorizer よりも少し高いスコアが出ています。 TfidfVectorizer が、新しいベンチマークになりました。

　自然言語処理のもう1つの興味深い概念は、**Nグラム（N-grams）**です。 Nグラムは、順番に並んだ単語の組み合わせで、簡単に作れます。 順番に気をつければ良いです。 より手軽な方法として、NLTK のNグラム実装が使えます。

```
from nltk import ngrams
from nltk.tokenize import word_tokenize

# 3グラム
N = 3
# 入力文
sentence = "hi, how are you?"
# トークン化した文
tokenized_sentence = word_tokenize(sentence)
# Nグラムの生成
n_grams = list(ngrams(tokenized_sentence, N))
print(n_grams)
```

　次の出力が得られます。

```
[('hi', ',', 'how'),
 (',', 'how', 'are'),
 ('how', 'are', 'you'),
 ('are', 'you', '?')]
```

　同様に、2グラムや4グラムなども作成できます。 Nグラムは語彙の一部となり、bag of words や TF-IDF を計算する際には、1つのNグラムを全く新しい1つのトークンとみなします。 ある意味では、文脈をある程度取り入れていることになります。 scikit-learn の CountVectorizer と TfidfVectorizer の両方の実装では、ngram_range パラメータでNグラムを提供しており、最小と最大のNを指定します。 標準の値は (1, 1) です。 (1, 3) に変更すると、ユニグラム（1グラム）、バイグラム（2グラム）、トライグラム（3グラム）を考えることができます。 コードの変更は最小限で済みます。 これまで TF-IDF で最良の結果を得ていたので、トライグラムまでのNグラムを含めることでモデルが改善されるかを見てみましょう。

必要な変更は TfidfVectorizer の初期化のみです。

```
tfidf_vec = TfidfVectorizer(
        tokenizer=word_tokenize,
        token_pattern=None,
        ngram_range=(1, 3)
    )
```

性能の改善は見られるでしょうか。

```
❯ python tfv_logres_trigram.py
Fold: 0
Accuracy = 0.8931

Fold: 1
Accuracy = 0.8941

Fold: 2
Accuracy = 0.897

Fold: 3
Accuracy = 0.8922

Fold: 4
Accuracy = 0.8847
```

　問題なく動作しているようですが、改善は見られません。 もしかしたら、バイグラムまでしか使わないようにすれば、改善されるかもしれません。 その場合の結果は、ここでは紹介しません。 ぜひ自分で試してみてください。

　自然言語処理の基本は、まだまだたくさんあります。 意識しなければならない用語の１つに、**語幹化（stemming）** や **見出し語化（lemmatization）** があります。 語幹化と見出し語化は、単語を最小の形にまで減らします。 処理された単語は、語幹化の場合は語幹、見出し語化の場合は見出し語と呼ばれます。見出し語化は語幹化よりも積極的に単語を変形します。語幹化の方が人気があり、広く使用されています。 語幹化と見出し語化はどちらも言語学に由来します。 特定の言語のための語幹化と見出し語化の機能を構築するには、対象言語に対する深い知識が必要になります。 詳しく説明すると、この本の章が１つ増えてしまいます。語幹化と見出し語化は、NLTK ライブラリを使って簡単に実装できます。 両者の例を見てみましょう。 語幹化と見出し語化にはさまざまな種類があります。 最も一般的な **Snowball Stemmer** と **WordNet Lemmatizer** を使った例を紹介します。

```python
from nltk.stem import WordNetLemmatizer
from nltk.stem.snowball import SnowballStemmer

# 初期化
lemmatizer = WordNetLemmatizer()

# 初期化
stemmer = SnowballStemmer("english")

words = ["fishing", "fishes", "fished"]

for word in words:
    print(f"word={word}")
    print(f"stemmed_word={stemmer.stem(word)}")
    print(f"lemma={lemmatizer.lemmatize(word)}")
    print("")
```

次の出力が得られます。

```
word=fishing
stemmed_word=fish
lemma=fishing

word=fishes
stemmed_word=fish
lemma=fish

word=fished
stemmed_word=fish
lemma=fished
```

　ご覧のとおり、語幹化と見出し語化は互いに大きく異なります。 語幹化を行うと、単語の最小の形が与えられます。 対象言語の辞書に載っている単語である場合もあれば、そうでない場合もあります。 しかし見出し語化の場合、これが単語になります。 語幹化と見出し語化を追加して結果が改善されるかどうか、自分で試すことが可能です。

　もう1つ知っておくべき話題として、トピック抽出があります。 トピックの抽出には、特異値分解 (SVD) としてもよく知られている**非負値行列因子分解 (non-negative matrix factorization、NMF)** や**潜在意味解析 (latent semantic analysis、LSA)** を用いることができます。 これらは、データを所定の数の成分に分解する技術です。 CountVectorizer や TfidfVectorizer で得られた疎行列に適用できます。

　以前使った TfidfVetorizer に適用してみましょう。

```
import pandas as pd
from nltk.tokenize import word_tokenize
from sklearn import decomposition
from sklearn.feature_extraction.text import TfidfVectorizer

# 文章のコーパスの作成
# この例では 10000 個の学習用データセットを読み込む
corpus = pd.read_csv("../input/imdb.csv", nrows=10000)
corpus = corpus.review.values

# トークナイザに nltk の word_tokenize を指定して TfidfVectorizer の初期化
tfv = TfidfVectorizer(tokenizer=word_tokenize, token_pattern=None)

# 学習
tfv.fit(corpus)

# コーパスの変換
corpus_transformed = tfv.transform(corpus)

# SVD を要素数 10 で初期化
svd = decomposition.TruncatedSVD(n_components=10)

# SVD の学習
corpus_svd = svd.fit(corpus_transformed)

# 1 つ目のサンプルを選び、特徴量と SVD のスコアの辞書を作成
# sample_index の値を変えることで、違うサンプルでの辞書を獲得できる
sample_index = 0
feature_scores = dict(
    zip(
        tfv.get_feature_names(),
        corpus_svd.components_[sample_index]
    )
)

# 得られた辞書に対して、スコアの降順で並び替えて、上位 N 個のトピックを表示
N = 5
print(sorted(feature_scores, key=feature_scores.get, reverse=True)[:N])
```

ループを使えば、複数のサンプルに対して実行できます。

```
N = 5

for sample_index in range(5):
    feature_scores = dict(
        zip(
```

```
            tfv.get_feature_names(),
            corpus_svd.components_[sample_index]
        )
    )
    print(
        sorted(
            feature_scores,
            key=feature_scores.get,
            reverse=True
        )[:N]
    )
```

次のような出力が得られます。

```
['the', ',', '.', 'a', 'and']
['br', '<', '>', '/', '-']
['i', 'movie', '!', 'it', 'was']
[',', '!', "''", '``', 'you']
['!', 'the', '...', "''", '``']
```

全く意味がない結果が得られています。 実際に起こってしまうのです。 どうすれば良いでしょうか。 テキストを綺麗にして、意味があるか見てみましょう。

テキストデータ、特に pandas のデータフレームに入っているデータを綺麗にするには、関数を作ると良いでしょう。

```python
import re
import string

def clean_text(s):
    """
    テキストを少し綺麗にする関数
    :param s: 文
    :return: 綺麗にした文
    """
    # 1つ以上の半角スペースで分割
    s = s.split()

    # 得られたトークンを半角スペースで結合
    # 不必要な半角スペースを除去
    # "hi.   how are you" が "hi. how are you" になる
    s = " ".join(s)
```

```
# regex と string ライブラリを使ってすべての句読点を削除
s = re.sub(f'[{re.escape(string.punctuation)}]', '', s)

# 任意の処理を追加できる
# 綺麗にした文を返す
return s
```

　この関数は「hi, how are you????」という文字列を「hi how are you」に変換します。 この
関数を SVD のコードに適用して、抽出されたトピックに何らかの価値をもたらすか見てみま
しょう。 pandas では、apply 関数を使って、任意の列に関数を「適用」できます。

```
import pandas as pd
.
corpus = pd.read_csv("../input/imdb.csv", nrows=10000)
corpus.loc[:, "review"] = corpus.review.apply(clean_text)
.
.
```

　元々のコードに、1行しか追加していないことに注目してください。 関数と pandas の
apply 関数を使用することの素晴らしさです。 今回生成されたトピックは次のようになって
います。

```
['the', 'a', 'and', 'of', 'to']
['i', 'movie', 'it', 'was', 'this']
['the', 'was', 'i', 'were', 'of']
['her', 'was', 'she', 'i', 'he']
['br', 'to', 'they', 'he', 'show']
```

　少なくとも、さっきよりはマシになりました。 clean_text 関数内で**ストップワード
(stopwords)**を除去すれば、さらに良くなります。ストップワードとは何でしょうか。ストッ
プワードとは、どの言語にも存在する高頻度の単語のことです。 たとえば、英語では「a」「an」
「the」「for」などが挙げられます。 ストップワードの削除は、必ずしも賢明な選択とはいえず、
問題の内容に大きく依存します。 たとえば「I need a new dog」のような文は、ストップワー
ドを取り除くと「need new dog」となり、誰が新しい犬を必要としているか分からなくなり
ます。
　ストップワードを常に削除していると、多くの文脈情報を失うことになります。 NLTK は
多くの言語のストップワードを提供しています。対応していない言語の場合も、インターネッ
トで検索すればすぐに見つけられるでしょう。

　ここからは、最近多くの人が好んで使っている深層学習の取り組みに移りましょう。 最初に、**単語埋め込み（word embeddings）**とは何かを知っておく必要があります。 今まではトークンを数字に変換していました。 あるコーパスに N 種類のトークンが存在するとき、0 から N-1 までの整数で表現する方法です。 ここでは、整数のトークンをベクトルで表現します。 このように単語をベクトルで表現することを単語埋め込みや単語ベクトルと呼びます。 Google の Word2Vec は、単語をベクトルに変換する最も古い取り組みの1 つです。 Facebook の **fastText** やスタンフォードの **GloVe**（Global Vectors for Word Representation）もあります。 これらの手法は、それぞれかなり異なっています。

　基本的な考え方は、入力文の再構成で単語の埋め込み表現を学習する浅いネットワークの構築です。 周辺のすべての単語を使って欠落した単語を予測するようにネットワークを学習し、その過程でネットワークは関係するすべての単語の埋め込み表現を学習して更新するのです。 この方法は、**Continuous Bag of Words（CBoW）モデル**とも呼ばれています。 1 つの単語を取り上げて、代わりに文脈上の単語を予測することもできます。 この方法は **Skip-gram モデル**と呼ばれています。 Word2Vec は、両者の方法を使って埋め込み表現を学習します。

　fastText では、代わりに文字 N グラムの埋め込みを学習します。 単語 N グラムと同じように、文字を使う場合は文字 N グラムとして知られています。 最後に、GloVe は共起行列を使って埋め込み表現を学習します。 結局はいずれの埋め込み表現も、コーパス（たとえば英語版 Wikipedia）に含まれる単語をキーとし、N（通常 300）次元のベクトルを値とする辞書を返します。

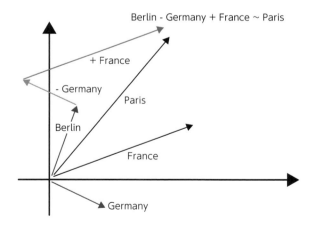

図 10.2　単語の埋め込み表現を 2 次元で可視化

図 10.2 では、単語の埋め込みを 2 次元で可視化しています。 何らかの方法で、単語を 2 次元で表現したとします。 図 10.2 を見ると、ドイツ（Germany）の首都であるベルリン（Berlin）のベクトルからドイツのベクトルを引き、フランス（France）のベクトルを加えると、フランスの首都であるパリ（Paris）に近いベクトルが得られると分かります。 埋め込み表現が単語の類推問題でも機能しています。 必ずしもうまくいくとは限りませんが、このような例は、単語埋め込みの有用性を理解するのに役立ちます。「hi, how are you?」という文章は、次のようなたくさんのベクトルで表現できます。

```
hi   —>   [vector (v1) of size 300]
,    —>   [vector (v2) of size 300]
how  —>   [vector (v3) of size 300]
are  —>   [vector (v4) of size 300]
you  —>   [vector (v5) of size 300]
?    —>   [vector (v6) of size 300]
```

　この情報を利用する方法は複数あります。 最も簡単な方法の 1 つは、埋め込み表現をそのまま使うことです。 上の例にあるように、各単語には 1 × 300 の埋め込み表現のベクトルがあります。 この情報を使って、文全体の埋め込み表現を計算できます。 複数の方法があり、1 つの方法を次に示します。 この関数では、与えられた文の個々の単語ベクトルをすべて取得し、トークンのすべての単語ベクトルから正規化された単語ベクトルを作成します。 返り値として、**文全体のベクトル**が得られます。

```python
import numpy as np

def sentence_to_vec(s, embedding_dict, stop_words, tokenizer):
    """
    文とその他の情報を入力として文全体の埋め込み表現を返す関数
    :param s: 文章、文字列型
    :param embedding_dict: 単語の埋め込み表現の辞書
    :param stop_words: ストップワードのリスト（任意）
    :param tokenizer: トークナイザ
    """
    # 文章を小文字に変換
    words = str(s).lower()

    # 文章のトークン化
    words = tokenizer(words)

    # ストップワードの除去
    words = [w for w in words if not w in stop_words]
```

```
# すべての文字が英字のトークンのみを残す
words = [w for w in words if w.isalpha()]

# 埋め込み表現を格納するリスト
M = []
for w in words:
    # すべての単語について、埋め込み表現を獲得し格納
    if w in embedding_dict:
        M.append(embedding_dict[w])

# すべての単語が語彙にない場合はすべての要素が 0 のベクトルを返す
if len(M) == 0:
    return np.zeros(300)

# リストを numpy 配列に変換
M = np.array(M)

# numpy 配列の和を計算
v = M.sum(axis=0)

# 正規化したベクトルを返す
return v / np.sqrt((v ** 2).sum())
```

この方法を使って、すべてのサンプルを 1 つのベクトルに変換できます。 fastText ベクトルを使って、以前の結果を改善できるでしょうか。 すべてのレビューに対して、300 の特徴量が得られます。

fasttext.py

```
import io
import numpy as np
import pandas as pd

from nltk.tokenize import word_tokenize
from sklearn import linear_model
from sklearn import metrics
from sklearn import model_selection
from sklearn.feature_extraction.text import TfidfVectorizer

def load_vectors(fname):
    # 参照：https://fasttext.cc/docs/en/english-vectors.html
    fin = io.open(
            fname,
            'r',
            encoding='utf-8',
            newline='\n',
```

0
1
2
3
4
第5章
第6章
第7章
第8章
第9章
第10章
第11章
第12章

```
            errors='ignore'
    )
    n, d = map(int, fin.readline().split())
    data = {}
    for line in fin:
        tokens = line.rstrip().split(' ')
        data[tokens[0]] = list(map(float, tokens[1:]))
    return data


def sentence_to_vec(s, embedding_dict, stop_words, tokenizer):
    .
    .
    .
if __name__ == "__main__":
    # 学習用データセットの読み込み
    df = pd.read_csv("../input/imdb.csv")

    # 肯定的、否定的をそれぞれ1と0に置換
    df.sentiment = df.sentiment.apply(
        lambda x: 1 if x == "positive" else 0
    )

    # サンプルをシャッフル
    df = df.sample(frac=1).reset_index(drop=True)

    # 埋め込み表現の読み込み
    print("Loading embeddings")
    embeddings = load_vectors("../input/crawl-300d-2M.vec")

    # 文全体の埋め込み表現の作成
    print("Creating sentence vectors")
    vectors = []
    for review in df.review.values:
        vectors.append(
            sentence_to_vec(
                s = review,
                embedding_dict = embeddings,
                stop_words = [],
                tokenizer = word_tokenize
            )
        )

    vectors = np.array(vectors)

    # 目的変数の取り出し
    y = df.sentiment.values

    # StratifiedKFold クラスの初期化
```

```python
kf = model_selection.StratifiedKFold(n_splits=5)

# kfold列を埋める
for fold_, (t_, v_) in enumerate(kf.split(X=vectors, y=y)):
    print(f"Training fold: {fold_}")
    # 学習用と評価用に分割
    xtrain = vectors[t_, :]
    ytrain = y[t_]

    xtest = vectors[v_, :]
    ytest = y[v_]

    # ロジスティック回帰モデルの初期化
    model = linear_model.LogisticRegression()

    # 学習
    model.fit(xtrain, ytrain)

    # 評価用データセットに対する予測
    # 閾値は0.5
    preds = model.predict(xtest)

    # 正答率の計算
    accuracy = metrics.accuracy_score(ytest, preds)
    print(f"Accuracy = {accuracy}")
    print("")
```

次のような結果が得られます。

```
❯ python fasttext.py
Loading embeddings
Creating sentence vectors
Training fold: 0
Accuracy = 0.8619

Training fold: 1
Accuracy = 0.8661

Training fold: 2
Accuracy = 0.8544

Training fold: 3
Accuracy = 0.8624

Training fold: 4
Accuracy = 0.8595
```

なんと、全くの予想外です。 fastText の埋め込み表現を使っただけなのに、素晴らしい結果が得られました。 埋め込み表現を GloVe に変更してみて、どうなるか見てみましょう。 演習問題として残しておきます。

　テキストデータについて語るとき、私たちは 1 つのことを心に留めておかなければなりません。テキストデータは、時系列データと非常によく似ているということです。レビューデータセットのすべてのサンプルは、昇順に並ぶ異なるタイムスタンプのトークンの系列で、各トークンは図 10.3 に示すように埋め込み表現を持っています。

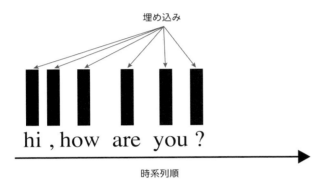

図 10.3　トークンを埋め込み、時系列で処理

　つまり、**Long Short Term Memory（LSTM）**や **Gated Recurrent Units（GRU）**、さらには**畳み込みニューラルネットワーク（CNN）**など、時系列データに広く使われているモデルが使えます。 このデータセットを使って、簡単な双方向 LSTM モデルを学習する方法を見てみましょう。

　手始めに、プロジェクトを作ります。 名前は自由に付けてください。 最初に、交差検証のためにデータセットを分割します。

create_folds.py

```python
# pandas と scikit-learn の model_selection の読み込み
import pandas as pd
from sklearn import model_selection

if __name__ == "__main__":
    # 学習用データセットの読み込み
    df = pd.read_csv("../input/imdb.csv")

    # 肯定的、否定的をそれぞれ 1 と 0 に置換
    df.sentiment = df.sentiment.apply(
```

```
        lambda x: 1 if x == "positive" else 0
    )

    # kfold という新しい列を作り、-1 で初期化
    df["kfold"] = -1
    # サンプルをシャッフル
    df = df.sample(frac=1).reset_index(drop=True)

    # 目的変数の取り出し
    y = df.sentiment.values

    # StratifiedKFold クラスの初期化
    kf = model_selection.StratifiedKFold(n_splits=5)

    # kfold 列を埋める
    for f, (t_, v_) in enumerate(kf.split(X=df, y=y)):
        df.loc[v_, 'kfold'] = f

    # データセットを新しい列と共に保存
    df.to_csv("../input/imdb_folds.csv", index=False)
```

データセットを分割したら、**dataset.py** で単純なデータセットクラスを作成します。 データセットクラスは、学習用または検証用のデータセットの 1 つのサンプルを返します。

dataset.py

```
import torch


class IMDBDataset:
    def __init__(self, reviews, targets):
        """
        :param reviews: numpy 配列
        :param targets: numpy 配列
        """
        self.reviews = reviews
        self.target = targets

    def __len__(self):
        # データセットの大きさを返す
        return len(self.reviews)

    def __getitem__(self, item):
        # int 型のインデックスに対して、該当する reviews と targets テンソルを返す
        review = self.reviews[item, :]
        target = self.target[item]
```

```
            return {
                "review": torch.tensor(review, dtype=torch.long),
                "target": torch.tensor(target, dtype=torch.float)
            }
```

データセットのクラス化が完了したら、LSTM モデルを構築する **lstm.py** を作成します。

lstm.py

```
import torch
import torch.nn as nn


class LSTM(nn.Module):
    def __init__(self, embedding_matrix):
        """
        :param embedding_matrix: すべての語彙に対する埋め込み表現
        """
        super(LSTM, self).__init__()
        # 単語数
        num_words = embedding_matrix.shape[0]

        # 埋め込みの次元数
        embed_dim = embedding_matrix.shape[1]

        # 埋め込み層
        self.embedding = nn.Embedding(
            num_embeddings=num_words,
            embedding_dim=embed_dim
        )

        # 埋め込み表現を、埋め込み層の重みとして利用
        self.embedding.weight = nn.Parameter(
            torch.tensor(
                embedding_matrix,
                dtype=torch.float32
            )
        )

        # 事前学習済みの埋め込み表現は学習しない
        self.embedding.weight.requires_grad = False

        # 簡単な双方向 LSTM 層
        # 隠れ層のサイズは 128
        self.lstm = nn.LSTM(
            embed_dim,
            128,
```

```
                bidirectional=True,
                batch_first=True,
            )

            # サイズ 1 の出力層
            # 入力のサイズは 512: 128 次元の双方向分について、
            # それぞれ最大プーリングと平均プーリングを取る
            self.out = nn.Linear(512, 1)

    def forward(self, x):
            # 入力のトークンを埋め込み表現に変換
            x = self.embedding(x)

            # LSTM 層
            x, _ = self.lstm(x)

            # LSTM 層の出力に対して、最大プーリングと平均プーリング
            avg_pool = torch.mean(x, 1)
            max_pool, _ = torch.max(x, 1)

            # 最大プーリングと平均プーリングの結果を結合
            # 128 次元の双方向分で 256 次元
            # 最大プーリングと平均プーリングのそれぞれが 256 次元
            out = torch.cat((avg_pool, max_pool), 1)

            # 出力層
            out = self.out(out)

            # return linear output
            return out
```

　続いて、学習と評価の関数を記述した **engine.py** を作成します。

engine.py

```
import torch
import torch.nn as nn


def train(data_loader, model, optimizer, device):
    """
    1 エポック学習する関数
    :param data_loader: PyTorch のデータローダ
    :param model: PyTorch のモデル（LSTM）
    :param optimizer: オプティマイザ（Adam や SGD など）
    :param device: デバイス（CUDA や CPU）
    """
```

```python
    # モデルを学習モードに
    model.train()

    # データローダ内のバッチについてのループ
    for data in data_loader:
        # review と target を取得
        reviews = data["review"]
        targets = data["target"]

        # デバイスに転送
        reviews = reviews.to(device, dtype=torch.long)
        targets = targets.to(device, dtype=torch.float)

        # オプティマイザの勾配を 0 で初期化
        optimizer.zero_grad()

        # モデルの学習
        predictions = model(reviews)

        # 損失の計算
        loss = nn.BCEWithLogitsLoss()(
            predictions,
            targets.view(-1, 1)
        )

        # 誤差逆伝播
        # モデルのすべてのパラメータが学習可能
        loss.backward()

        # パラメータ更新
        optimizer.step()


def evaluate(data_loader, model, device):
    # 目的変数と予測を格納するリスト
    final_predictions = []
    final_targets = []

    # モデルを評価モードに
    model.eval()

    # 勾配を計算しない
    with torch.no_grad():
        for data in data_loader:
            reviews = data["review"]
            targets = data["target"]
            reviews = reviews.to(device, dtype=torch.long)
            targets = targets.to(device, dtype=torch.float)
```

```
        # モデルの予測
        predictions = model(reviews)

        # 目的変数と予測をリストに変換
        # CPU に転送する必要もある
        predictions = predictions.cpu().numpy().tolist()
        targets = data["target"].cpu().numpy().tolist()
        final_predictions.extend(predictions)
        final_targets.extend(targets)

    # 目的変数と予測を返す
    return final_predictions, final_targets
```

これらの関数は、複数の分割で学習する **train.py** 内で利用されます。

train.py

```
import io
import torch

import numpy as np
import pandas as pd

# TensorFlow を使うが、モデルの学習のためではない
import tensorflow as tf

from sklearn import metrics

import config
import dataset
import engine
import lstm

def load_vectors(fname):
    # 参照: https://fasttext.cc/docs/en/english-vectors.html
    fin = io.open(
        fname,
        'r',
        encoding='utf-8',
        newline='\n',
        errors='ignore'
    )
    n, d = map(int, fin.readline().split())
    data = {}
    for line in fin:
        tokens = line.rstrip().split(' ')
        data[tokens[0]] = list(map(float, tokens[1:]))
    return data
```

```python
def create_embedding_matrix(word_index, embedding_dict):
    """
    埋め込み表現の行列を作る関数
    :param word_index: 単語とインデックスの辞書
    :param embedding_dict: 単語と埋め込み表現の辞書
    :return: 埋め込み表現の行列を返す
    """
    # 行列を 0 で初期化
    embedding_matrix = np.zeros((len(word_index) + 1, 300))
    # すべての単語についてのループ
    for word, i in word_index.items():
        # 単語が事前学習済みの埋め込み表現の語彙にある場合、行列を更新
        # ない場合は 0 のまま
        if word in embedding_dict:
            embedding_matrix[i] = embedding_dict[word]
    # 埋め込み表現の行列を返す
    return embedding_matrix


def run(df, fold):
    """
    引数で指定した fold 番号について学習と検証を実行
    :param df: kfold 列付きの pandas データフレーム
    :param fold: fold 番号、int 型
    """

    # 学習用データセットの準備
    train_df = df[df.kfold != fold].reset_index(drop=True)

    # 検証用データセットの準備
    valid_df = df[df.kfold == fold].reset_index(drop=True)

    print("Fitting tokenizer")
    # tf.keras をトークナイザとして利用
    # その他のトークナイザを使う場合は、TensorFlow は不要
    tokenizer = tf.keras.preprocessing.text.Tokenizer()
    tokenizer.fit_on_texts(df.review.values.tolist())

    # 学習用データセットのトークン化
    # 例： "bad movie" が [24, 27] に
    # 24 が bad、27 が movie のインデックス
    xtrain = tokenizer.texts_to_sequences(train_df.review.values)

    # 検証用データセットのトークン化
    xtest = tokenizer.texts_to_sequences(valid_df.review.values)
```

```
# 与えられた最大系列長で学習用データセットをパディング
# 系列を左側から埋める
# 系列が最大系列長より大きいときも、左側から切り取り
xtrain = tf.keras.preprocessing.sequence.pad_sequences(
    xtrain, maxlen=config.MAX_LEN
)

# 検証用データセットのパディング
xtest = tf.keras.preprocessing.sequence.pad_sequences(
    xtest, maxlen=config.MAX_LEN
)

# 学習用のデータセットの作成
train_dataset = dataset.IMDBDataset(
    reviews=xtrain,
    targets=train_df.sentiment.values
)

# 学習用のデータローダの作成
# データセットのクラスを読み込み、指定されたサイズのバッチを返す
train_data_loader = torch.utils.data.DataLoader(
    train_dataset,
    batch_size=config.TRAIN_BATCH_SIZE,
    num_workers=2
)

# 検証用のデータセットの作成
valid_dataset = dataset.IMDBDataset(
    reviews=xtest,
    targets=valid_df.sentiment.values
)

# 検証用のデータローダの作成
valid_data_loader = torch.utils.data.DataLoader(
    valid_dataset,
    batch_size=config.VALID_BATCH_SIZE,
    num_workers=1
)

print("Loading embeddings")
# 埋め込み表現の読み込み
embedding_dict = load_vectors("../input/crawl-300d-2M.vec")
embedding_matrix = create_embedding_matrix(
    tokenizer.word_index, embedding_dict
)

# デバイスとして GPU の CUDA を利用
device = torch.device("cuda")
```

```python
    # LSTM モデル
    model = lstm.LSTM(embedding_matrix)

    # モデルをデバイスに転送
    model.to(device)

    # オプティマイザには Adam を利用
    optimizer = torch.optim.Adam(model.parameters(), lr=1e-3)

    print("Training Model")
    # 暫定の最良の正答率を 0 に設定
    best_accuracy = 0
    # 早期打ち切りのための変数を 0 に設定
    early_stopping_counter = 0
    # すべてのエポックについてのループ
    for epoch in range(config.EPOCHS):
        # 1 エポック学習
        engine.train(train_data_loader, model, optimizer, device)
        # 検証
        outputs, targets = engine.evaluate(
                        valid_data_loader, model, device
        )

        # 閾値として 0.5 を利用
        # 出力層でシグモイド関数を使っていないことに注意
        # シグモイド関数を適用した後に 0.5 の閾値を使うべき
        outputs = np.array(outputs) >= 0.5

        # 正答率を計算
        accuracy = metrics.accuracy_score(targets, outputs)
        print(
          f"FOLD:{fold}, Epoch: {epoch}, Accuracy Score = {accuracy}"
        )

        # 簡単な早期打ち切り
        if accuracy > best_accuracy:
            best_accuracy = accuracy
        else:
            early_stopping_counter += 1

        if early_stopping_counter > 2:
            break


if __name__ == "__main__":

    # データセットの読み込み
    df = pd.read_csv("../input/imdb_folds.csv")
```

```
# すべての分割で学習
run(df, fold=0)
run(df, fold=1)
run(df, fold=2)
run(df, fold=3)
run(df, fold=4)
```

最後に、**config.py** です。

config.py

```
# すべての設定を記載
MAX_LEN = 128
TRAIN_BATCH_SIZE = 16
VALID_BATCH_SIZE = 8
EPOCHS = 10
```

実行結果を見てみましょう。

```
❯ python train.py

FOLD:0, Epoch: 3, Accuracy Score = 0.9015
FOLD:1, Epoch: 4, Accuracy Score = 0.9007
FOLD:2, Epoch: 3, Accuracy Score = 0.8924
FOLD:3, Epoch: 2, Accuracy Score = 0.9
FOLD:4, Epoch: 1, Accuracy Score = 0.878
```

　過去最高のスコアです。 なお、各分割で最も正答率が高かったエポックのみを表示していますのでご了承ください。

　ここでは事前学習済みの埋め込み表現と、単純な双方向 LSTM を使用しています。 モデルを変更したい場合は、**lstm.py** のモデルを差し替えるだけで、その他はすべてそのままにできます。 実験のために最小限の変更しか必要とせず、簡単に理解できます。 たとえば、事前学習された埋め込み表現を使わずに自分で学習したり、他の事前学習された埋め込み表現を使ったり、複数の事前学習された埋め込み表現を組み合わせたり、GRU 層を使ったり、埋め込み後に SpatialDropout 層を使ったり、LSTM 層の後に GRU 層を追加したり、LSTM 層を 2 つ追加したり、LSTM 層 -GRU 層 -LSTM 層の構成にしたり、LSTM 層を畳み込み層に置き換えたりなど、コードに多くの変更を加えることなく実装できます。 私が述べた変更のほとんどは、モデルクラスにのみ変更が必要です。

　事前に学習された埋め込み表現を使用する際には、いくつの単語について埋め込み表現を

獲得できるか否かを、理由と共に確認してください。埋め込み表現を持つ単語が多ければ多いほど、良い結果が得られます。この関数を使えば、Glove や fastText と同じ形式で、あらゆる種類の事前学習済みの埋め込み行列を作成できます（多少の変更が必要かもしれません）。

```python
def load_embeddings(word_index, embedding_file, vector_length=300):
    """
    埋め込み行列を作成する汎用性のある関数
    :param word_index: 単語とインデックスの辞書
    :param embedding_dict: 単語と埋め込み表現の辞書
    :param vector_length: 埋め込み表現の次元数
    """
    max_features = len(word_index) + 1
    words_to_find = list(word_index.keys())
    more_words_to_find = []
    for wtf in words_to_find:
        more_words_to_find.append(wtf)
        more_words_to_find.append(str(wtf).capitalize())
    more_words_to_find = set(more_words_to_find)

    def get_coefs(word, *arr):
        return word, np.asarray(arr, dtype='float32')

    embeddings_index = dict(
        get_coefs(*o.strip().split(" "))
        for o in open(embedding_file)
        if o.split(" ")[0]
        in more_words_to_find
        and len(o) > 100
    )

    embedding_matrix = np.zeros((max_features, vector_length))
    for word, i in word_index.items():
        if i >= max_features:
            continue
        embedding_vector = embeddings_index.get(word)
        if embedding_vector is None:
            embedding_vector = embeddings_index.get(
                str(word).capitalize()
            )
        if embedding_vector is None:
            embedding_vector = embeddings_index.get(
                str(word).upper()
            )
        if (embedding_vector is not None
            and len(embedding_vector) == vector_length):
            embedding_matrix[i] = embedding_vector
    return embedding_matrix
```

　前ページの関数を読んで実行し、何が起こっているかを見てみましょう。 この関数は、語幹化や見出し語化された単語を使用するように変更することもできます。 最終的には、学習コーパスに含まれる未知の単語の数をできるだけ少なくしたいです。 もう1つのコツは埋め込み層の学習、つまり学習可能な状態にしてからネットワークを学習することです。

　これまで、分類問題のモデルをたくさん作ってきました。 近年は、マペットの時代であり、**Transformer** 系のモデルに移行する人が増えています。 Transformer 系のネットワークは、長期的な性質を持つ依存関係を扱えます。 LSTM は、直前の単語を見たときに初めて次の単語を見ます。 しかし、Transformer の場合はそうではありません。 Transformer は、文全体のすべての単語を同時に見ることができます。 このため並列化が容易で、GPU をより効率的に使用できるという利点もあります。

　Transformer は非常に幅広いテーマで、**BERT**、**RoBERTa**、**XLNet**、**XLM-RoBERTa**、**T5** などモデルの数も多すぎます。 今回は、これまで説明してきた分類問題に対して、これらのモデル（T5 を除く[3]）すべてに使用できる一般的な方法を紹介します。 なおこれらのモデルは、学習に多くの計算資源が必要ということに注意してください。 高性能の計算資源を持っていない場合は、LSTM や TF-IDF などと比べて、モデルの学習に時間がかかる可能性があります。

　最初に行うのは、設定ファイルの作成です。

config.py

```
import transformers

# 文中の最大トークン数
MAX_LEN = 512

# モデルが巨大なので、小さめのバッチサイズを設定
TRAIN_BATCH_SIZE = 8
VALID_BATCH_SIZE = 4

# 10 エポック学習
EPOCHS = 10

# BERT モデルのパスを定義
BERT_PATH = "../input/bert_base_uncased/"

# モデルの保存場所
MODEL_PATH = "model.bin"
```

＊3　T5 では、あらゆる問題の入出力を共に文字列で扱います。

```
# 学習用データセット
TRAINING_FILE = "../input/imdb.csv"

# トークナイザの定義
# huggingface の transformers ライブラリからモデルとトークナイザを利用
TOKENIZER = transformers.BertTokenizer.from_pretrained(
    BERT_PATH,
    do_lower_case=True
)
```

　この設定ファイルは、トークナイザや頻繁に変更したいパラメータを定義する唯一の場所です。
　次は、データセットクラスの構築です。

dataset.py

```
import config
import torch


class BERTDataset:
    def __init__(self, review, target):
        """
        :param review: 文字列のリストもしくは numpy 配列
        :param targets: 二値の目的変数のリストもしくは numpy 配列
        """
        self.review = review
        self.target = target
        # 最大系列長とトークナイザを設定ファイルから取得
        self.tokenizer = config.TOKENIZER
        self.max_len = config.MAX_LEN

    def __len__(self):
        # データセットの大きさを返す
        return len(self.review)

    def __getitem__(self, item):
        # 指定されたインデックスに対して、入力の辞書を返す
        review = str(self.review[item])
        review = " ".join(review.split())

        # hugginface の transformers ライブラリのすべてのトークナイザが備える encode_plus 関数
        # 与えられた文字列を BERT のようなモデルに必要な ids・mask・token type ids に変換
        # ここで review は文字列
        inputs = self.tokenizer.encode_plus(
```

```
            review,
            None,
            add_special_tokens=True,
            max_length=self.max_len,
            pad_to_max_length=True,
        )
        # ids はトークン化された reviews
        ids = inputs["input_ids"]
        # mask は値がある場合に 1、パディングしている場合に 0 を取る
        mask = inputs["attention_mask"]
        # この場合、token type ids は mask と同様に振る舞う
        # 2 文ある場合、最初の文は 0 で次の文は 1
        token_type_ids = inputs["token_type_ids"]

        # すべてを返す
        # ids・mask・token_type_ids はすべて long 型で、targets は float 型
        return {
            "ids": torch.tensor(
                ids, dtype=torch.long
            ),
            "mask": torch.tensor(
                mask, dtype=torch.long
            ),
            "token_type_ids": torch.tensor(
                token_type_ids, dtype=torch.long
            ),
            "targets": torch.tensor(
                self.target[item], dtype=torch.float
            )
        }
```

そして、いよいよプロジェクトの核心であるモデルの開発に入ります。

model.py

```
import config
import transformers
import torch.nn as nn


class BERTBaseUncased(nn.Module):
    def __init__(self):
        super(BERTBaseUncased, self).__init__()
        # config.py で定義したパスからモデルの読み込み
        self.bert = transformers.BertModel.from_pretrained(
            config.BERT_PATH
        )
```

```
        # 正則化のためドロップアウト層を追加
        self.bert_drop = nn.Dropout(0.3)
        # 単純な出力層として線形層を追加
        # 出力は 1 次元
        self.out = nn.Linear(768, 1)

    def forward(self, ids, mask, token_type_ids):
        # BERT は標準の設定だと、最終の隠れ層とプーリング層の 2 つの出力を持つ
        # （batch_size, hidden_size）のサイズを持つ後者を利用
        # BERT の base と large のモデルの隠れ層のサイズは、それぞれ 768 と 1024
        # 今回は 768
        # このモデルはかなり単純で、通常は最終や複数の隠れ層を使う場合もある
        _, o2 = self.bert(
            ids,
            attention_mask=mask,
            token_type_ids=token_type_ids
        )
        # ドロップアウト層
        bo = self.bert_drop(o2)
        # 出力層
        output = self.out(bo)
        # 出力を返す
        return output
```

このモデルは、単一の出力を返します。BCEWithLogitsLoss を用いて、シグモイド関数を適用した後に損失を計算できます。この処理は **engine.py** で行われます。

engine.py

```
import torch
import torch.nn as nn


def loss_fn(outputs, targets):
    """
    損失を返す関数
    :param outputs: モデルからの出力（real 型）
    :param targets: 目的変数（二値）
    """
    return nn.BCEWithLogitsLoss()(outputs, targets.view(-1, 1))


def train_fn(data_loader, model, optimizer, device, scheduler):
    """
    1 エポック学習する関数
    :param data_loader: PyTorch のデータローダ
    :param model: PyTorch のモデル、ここでは BERT
```

```
    :param optimizer: オプティマイザ（Adam や SGD など）
    :param device: デバイス（CUDA や CPU）
    :param scheduler: 学習率スケジューラ
    """
    # モデルを学習モードに
    model.train()

    # データローダ内のバッチについてのループ
    for d in data_loader:
        # ids・token type ids・mask・targets の取り出し
        ids = d["ids"]
        token_type_ids = d["token_type_ids"]
        mask = d["mask"]
        targets = d["targets"]

        # デバイスに転送
        ids = ids.to(device, dtype=torch.long)
        token_type_ids = token_type_ids.to(device, dtype=torch.long)
        mask = mask.to(device, dtype=torch.long)
        targets = targets.to(device, dtype=torch.float)

        # オプティマイザの勾配を 0 で初期化
        optimizer.zero_grad()
        # モデルの学習
        outputs = model(
            ids=ids,
            mask=mask,
            token_type_ids=token_type_ids
        )
        # 損失の計算
        loss = loss_fn(outputs, targets)
        # 誤差逆伝播
        loss.backward()
        # パラメータ更新
        optimizer.step()
        # スケジューラの更新
        scheduler.step()


def eval_fn(data_loader, model, device):
    """
    検証用の関数
    :param data_loader: PyTorch のデータローダ
    :param model: PyTorch のモデル、ここでは BERT
    :param optimizer: オプティマイザ（Adam や SGD など）
    :param device: デバイス（CUDA や CPU）
    :param scheduler: 学習率スケジューラ
    """
```

```
# モデルを評価モードに
model.eval()
# 目的変数と予測を格納するリスト
fin_targets = []
fin_outputs = []
# 勾配を計算しない
# GPU メモリを枯渇させないために重要な処理
with torch.no_grad():
        # 勾配の初期化や損失の計算やスケジューラの更新を除いて学習用の関数と同じ
    for d in data_loader:
        ids = d["ids"]
        token_type_ids = d["token_type_ids"]
        mask = d["mask"]
        targets = d["targets"]

        ids = ids.to(device, dtype=torch.long)
        token_type_ids = token_type_ids.to(device, dtype=torch.long)
        mask = mask.to(device, dtype=torch.long)
        targets = targets.to(device, dtype=torch.float)

        outputs = model(
            ids=ids,
            mask=mask,
            token_type_ids=token_type_ids
        )
        # 目的変数と予測をリストに変換
        targets = targets.cpu().detach()
        fin_targets.extend(targets.numpy().tolist())

        # CPU に変換しリストに格納
        outputs = torch.sigmoid(outputs).cpu().detach()
        fin_outputs.extend(outputs.numpy().tolist())
return fin_outputs, fin_targets
```

　そして、いよいよ学習の準備が整いました。さっそく、学習用のスクリプトを見てみましょう。

train.py

```python
import config
import dataset
import engine
import torch
import pandas as pd
import torch.nn as nn
import numpy as np

from model import BERTBaseUncased
from sklearn import model_selection
from sklearn import metrics
from transformers import AdamW
from transformers import get_linear_schedule_with_warmup


def train():
    # モデルを学習する関数

    # 学習用データセットの読み込み
    # 欠損値は "none" で補完
    # このデータセットでは、欠損値を含むサンプルを削除する選択肢もある
    dfx = pd.read_csv(config.TRAINING_FILE).fillna("none")

    # 肯定的、否定的をそれぞれ 1 と 0 に置換
    dfx.sentiment = dfx.sentiment.apply(
        lambda x: 1 if x == "positive" else 0
    )

    # データセットを学習用と検証用に分割
    df_train, df_valid = model_selection.train_test_split(
        dfx,
        test_size=0.1,
        random_state=42,
        stratify=dfx.sentiment.values
    )

    # インデックスのリセット
    df_train = df_train.reset_index(drop=True)
    df_valid = df_valid.reset_index(drop=True)

    # 学習用データセットのための dataset.py の BERTÐataset
    train_dataset = dataset.BERTÐataset(
        review=df_train.review.values,
```

```
    target=df_train.sentiment.values
)

# 学習用のデータローダの作成
train_data_loader = torch.utils.data.DataLoader(
    train_dataset,
    batch_size=config.TRAIN_BATCH_SIZE,
    num_workers=4
)

# 検証用データセットのための dataset.py の BERTDataset
valid_dataset = dataset.BERTDataset(
    review=df_valid.review.values,
    target=df_valid.sentiment.values
)

# 検証用のデータローダの作成
valid_data_loader = torch.utils.data.DataLoader(
    valid_dataset,
    batch_size=config.VALID_BATCH_SIZE,
    num_workers=1
)


# デバイスは CUDA
# GPU を持っていない場合は CPU を利用
device = torch.device("cuda")
# モデルを読み込み、デバイスに転送
model = BERTBaseUncased()
model.to(device)

# 最適化したいパラメータの作成
# 一般的には bias と weight は対象にしない
param_optimizer = list(model.named_parameters())
no_decay = ["bias", "LayerNorm.bias", "LayerNorm.weight"]
optimizer_parameters = [
    {
        "params": [
            p for n, p in param_optimizer if
            not any(nd in n for nd in no_decay)
        ],
        "weight_decay": 0.001,
    },
    {
        "params": [
            p for n, p in param_optimizer if
            any(nd in n for nd in no_decay)
        ],
        "weight_decay": 0.0,
```

```python
        },
    ]

    # 学習エポック数
    # スケジューラが利用
    num_train_steps = int(
        len(df_train) / config.TRAIN_BATCH_SIZE * config.EPOCHS
    )

    # オプティマイザは AdamW
    # AdamW は Transformer 系のモデルで最も広く使われているオプティマイザ
    optimizer = AdamW(optimizer_parameters, lr=3e-5)

    # スケジューラ
    # 検証用データセットに対する性能が止まったら学習率を下げるスケジューラも利用できる
    scheduler = get_linear_schedule_with_warmup(
        optimizer,
        num_warmup_steps=0,
        num_training_steps=num_train_steps
    )

    # 複数の GPU を使う場合の並列処理
    model = nn.DataParallel(model)

    # 学習開始
    best_accuracy = 0
    for epoch in range(config.EPOCHS):
        engine.train_fn(
            train_data_loader, model, optimizer, device, scheduler
        )
        outputs, targets = engine.eval_fn(
            valid_data_loader, model, device
        )
        outputs = np.array(outputs) >= 0.5
        accuracy = metrics.accuracy_score(targets, outputs)
        print(f"Accuracy Score = {accuracy}")
        if accuracy > best_accuracy:
            torch.save(model.state_dict(), config.MODEL_PATH)
            best_accuracy = accuracy


if __name__ == "__main__":
    train()
```

最初は大変そうに見えるかもしれませんが、個々の要素を理解すればそうでもありません。数行のコードを変更するだけで、使用したい他の Transformer モデルに簡単に変更できます。

　このモデルは 93% の正答率を示しています。 これはすごい。 他のどのモデルよりもはるかに優れています。 しかし、それだけの価値があるのでしょうか。

　より単純で学習しやすく、推論も高速な LSTM を使って、既に 90% の正答率を達成できていました。 このモデルは、異なるデータ処理の適用や、層・ノード・ドロップアウト・学習率・オプティマイザの変更などのパラメータの調整などで、おそらく 1% 程度性能を向上させられます。 すると、BERT による性能の上積みは 2% 程度になります。 一方、BERT は学習にかなりの時間がかかり、パラメータも多く、推論にも時間がかかります。 最終的には、自分の目的を考えて、賢く選択すべきです。 BERT を「かっこいい」という理由だけで選ばないでください。

　ここでは分類のみを取り上げましたが、回帰・多ラベル分類、多クラス分類の場合も、数行のコードを変更するだけで対応できます。 たとえば、問題を多クラス分類に拡張するとき、複数の出力と損失関数として交差エントロピー（cross entropy）が必要になります。 それ以外はすべて同じです。 自然言語処理分野は広大で、ごく一部を議論したに過ぎません。 しかし産業界で使われているモデルのほとんどが分類や回帰モデルなので、もしかしたら非常に大きな割合といえるかもしれません。 すべてを詳しく書き始めると、数百ページになってしまうでしょう。『**Approaching (Almost) Any NLP Problem**』に、すべてを収録します。

Approaching (Almost) Any NLP Problem

https://www.kaggle.com/abhishek/approaching-almost-any-nlp-problem-on-kaggle

https://www.slideshare.net/abhishekkrthakur/approaching-almost-any-nlp-problem

第11章

アンサンブルとスタッキングへのアプローチ

　この2つの言葉を聞いてまず頭に浮かぶのは、機械学習のコンテストのことだと思います。数年前と比較すると今では計算機の性能が向上し、仮想インスタンスが安価になったことで、産業界でもアンサンブルモデルを利用するようになりました。たとえば、500ms以下の応答時間で応答する複数のニューラルネットワークのデプロイも非常に簡単です。巨大なニューラルネットワークや大規模なモデルを、大規模なモデルと同様の性能で2倍の速度で動く、サイズが小さい複数のモデルで置き換えられる場合もあります。このような場合に、どちらを選ぶべきでしょうか。個人的には、後者が好みです。小規模なモデルの方が調整しやすいことも覚えておいてください。

　アンサンブル（ensembling）とは、異なるモデルを組み合わせることに他なりません。モデルは、予測値・予測確率を使って組み合わせることができます。モデルを組み合わせる最も簡単な方法は、単に平均値を計算することです。

$$\text{アンサンブルの予測確率} = \frac{(\text{モデル1の予測確率} + \text{モデル2の予測確率} + \cdots + \text{モデルnの予測確率})}{n}$$

　単純でありながら、最も効果的なモデルの組み合わせ方です。単純平均では、すべてのモデルの重みは等しくなります。どのような組み合わせ方法であっても、留意すべき点は、常に互いに異なるモデルの予測値・予測確率を組み合わせることです。つまり、相関の高いモデルよりも、低いモデル同士の組み合わせの方がうまくいくということです。

　予測確率がない場合は、予測値も組み合わせることができます。最も簡単な方法は、**投票（voting）**です。たとえば、0、1、2の3つのクラスを持つ多クラス分類を考えます。

　$[0, 0, 1]$：最も投票されたクラスは0

　$[0, 1, 2]$：最も投票されたクラスはなし（ランダムに1つ選択）

　$[2, 2, 2]$：最も投票されたクラスは2

次のような簡単な関数で、簡単な操作を実現できます。

```
import numpy as np


def mean_predictions(probas):
    """
    予測確率の平均を算出
```

```
    :param probas: 予測確率の 2 次元配列
    :return: 予測確率の平均
    """
    return np.mean(probas, axis=1)


def max_voting(preds):
    """
    最も投票されたクラスを算出
    :param probas: 予測値の 2 次元配列
    :return: 最も投票されたクラス
    """
    idxs = np.argmax(preds, axis=1)
    return np.take_along_axis(preds, idxs[:, None], axis=1)
```

　probas は各列に 1 つの予測確率（二値分類の場合、通常はクラス 1 の予測確率）を持っています。各列は、別々のモデルの予測確率です。同様に preds の場合、各列は異なるモデルの予測値です。関数はいずれも、2 次元の numpy 配列を想定しています。必要に応じた変更も可能で、たとえば各モデルの 2 次元配列の予測確率を受け取ることもできます。その場合は、関数が少し変わります。複数のモデルを組み合わせるもう 1 つの方法は、**予測確率の順位付け**です。この方法は、評価指標がサンプルの順位に関係する AUC である場合、非常によく機能します。

```
def rank_mean(probas):
    """
    予測確率の順位の平均
    :param probas: 予測確率の 2 次元配列
    :return: 予測確率の順位の平均
    """

    ranked = []
    for i in range(probas.shape[1]):
        rank_data = stats.rankdata(probas[:, i])
        ranked.append(rank_data)

    ranked = np.column_stack(ranked)
    return np.mean(ranked, axis=1)
```

SciPy の rankdata では、順位は 1 から始まることに注意してください。

なぜこのようなアンサンブルが成立するのでしょうか。図 11.1 を見てみましょう。

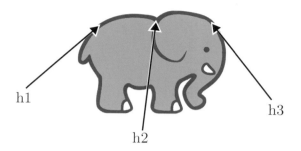

h1

h2

h3

$$h \approx (h1 + h2 + h3)/\ 3$$

図 11.1　3 人で象の身長を当てる

　図 11.1 は、3 人が象の高さを推測する場合、真の高さは 3 人の推測の平均値に非常に近くなることを示しています。3 人がそれぞれ、象の真の高さに非常に近い値を推測できると仮定します。近い推定は誤差の存在を意味しますが、この誤差は 3 つの予測を平均することで最小限に抑えられます。これが、複数モデルの平均の背景にある主な考え方です。

　予測確率は重み付きでかけ合わすことができます。

最終的な予測値＝w1*モデル 1 の予測確率＋w2*モデル 2 の予測確率＋…＋wn*モデル n の予測確率
ただし (w1＋w2＋w3＋…＋wn) ＝ 1.0

　たとえば、AUC が非常に高いランダムフォレストと、やや低いロジスティック回帰のモデルがあった場合、それぞれを 70%と 30%で組み合わせることができます。では、どのようにしてこの割合を導き出したのでしょうか。別のモデルを追加してみましょう。たとえば、ランダムフォレストよりも AUC が高い XGBoost モデルもあったとします。XGBoost：ランダムフォレスト：ロジスティック回帰の比率が 3：2：1 になるように組み合わせてみます。この数字にたどり着くのは簡単です。その方法を見てみましょう。

　0 から 1 の範囲の値を取るつまみを 1 つずつ持った猿が 3 匹いるとします。猿たちはつまみを回し、各値を使って AUC スコアを計算します。最終的には、猿たちは最高の AUC を得られる組み合わせを見つけます。そう、これはランダムサーチなのです。値を探索する前に、アンサンブルの最も重要な 2 つのルールを覚えておく必要があります。

　最初のルールは、アンサンブルを始める前に必ずデータセットを分割することです。

　2 つ目のルールは、アンサンブルを始める前に必ずデータセットを分割することです。

この2つは最も重要なルールで、私が書いたことに間違いはありません。最初の手順は、データセットの分割です。説明を簡単にするために、データを2つに分けるとします。説明を簡単にするだけの目的なので、実際にはもっと多くの分割が必要です。

ランダムフォレスト、ロジスティック回帰、および XGBoost のモデルを1つ目の分割 (fold 1) で学習し、2つ目の分割 (fold 2) に対して予測します。この後、fold 2 でモデルを最初から学習し、fold 1 で予測します。これで、すべての学習用データセットに対する予測ができました。次に、モデルを結合するために、fold 1 に対するすべての予測確率を取得し、fold 2 の目的変数に対する誤差を最小化または AUC を最大化するために最適な重みを見つけるための最適化関数を作成します。つまり、3つのモデルの予測確率を用いて、fold 1 で最適化モデルを学習し、fold 2 で評価します。**AUC**（または一般的なあらゆる種類の予測と評価指標の組み合わせ）**を最適化するために、複数のモデルの最適な重みを探索する**クラスを見てみましょう。

```python
import numpy as np

from functools import partial
from scipy.optimize import fmin
from sklearn import metrics

class OptimizeAUC:
    """
    AUC を最適化するクラス
    このクラスでは、どんなモデルでどんな評価指標の場合でも予測の最適な重みを見つけられる
    微修正で、どんな予測形式のアンサンブルでも利用可能になる
    """
    def __init__(self):
        self.coef_ = 0

    def _auc(self, coef, X, y):
        """
        AUC を計算する関数
        :param coef: 係数のリスト、要素数はモデル数と等しい
        :param X: 予測確率、この場合は2次元配列
        :param y: 目的変数、この場合は二値の1次元配列
        """
        # 係数をそれぞれの列の予測値にかけ合わせる
        x_coef = X * coef

        # 行で合計することで、予測を計算
        predictions = np.sum(x_coef, axis=1)

        # AUC を計算
        auc_score = metrics.roc_auc_score(y, predictions)
```

```
        # AUC にマイナスをかけた値を返す
        return -1.0 * auc_score

    def fit(self, X, y):
        # ハイパーパラメータの章で触れた partial
        loss_partial = partial(self._auc, X=X, y=y)

        # ディリクレ分布で初期化
        # 任意の分布が利用できる
        # 合計は 1 が望ましい
        initial_coef = np.random.dirichlet(np.ones(X.shape[1]), size=1)

        # SciPy の fmin を使って、損失関数を最小化 [^15_1]
        # 今回の場合は AUC にマイナスをかけた値
        self.coef_ = fmin(loss_partial, initial_coef, disp=True)

    def predict(self, X):
        # _auc 関数と類似
        x_coef = X * self.coef_
        predictions = np.sum(x_coef, axis=1)
        return predictions
```

使い方を単純な平均と比較してみましょう。

```
import xgboost as xgb
from sklearn.datasets import make_classification
from sklearn import ensemble
from sklearn import linear_model
from sklearn import metrics
from sklearn import model_selection


# 10000 行 25 列の二値分類用のデータセットを作成
X, y = make_classification(n_samples=10000, n_features=25)

# データセットを 2 つに分割
xfold1, xfold2, yfold1, yfold2 = model_selection.train_test_split(
    X,
    y,
    test_size=0.5,
    stratify=y
)

# fold 1 でモデルを学習し、fold 2 に対して予測
# ロジスティック回帰、ランダムフォレスト、XGBoost の 3 モデルを利用
logreg = linear_model.LogisticRegression()
```

```python
rf = ensemble.RandomForestClassifier()
xgbc = xgb.XGBClassifier()

# モデルの学習
logreg.fit(xfold1, yfold1)
rf.fit(xfold1, yfold1)
xgbc.fit(xfold1, yfold1)

# fold 2 に対して予測
# クラス 1 の予測確率
pred_logreg = logreg.predict_proba(xfold2)[:, 1]
pred_rf = rf.predict_proba(xfold2)[:, 1]
pred_xgbc = xgbc.predict_proba(xfold2)[:, 1]

# 単純なアンサンブルとして平均値を算出
avg_pred = (pred_logreg + pred_rf + pred_xgbc) / 3

# 予測確率の 2 次元配列
fold2_preds = np.column_stack((
    pred_logreg,
    pred_rf,
    pred_xgbc,
    avg_pred
))

# それぞれの AUC を算出
aucs_fold2 = []
for i in range(fold2_preds.shape[1]):
    auc = metrics.roc_auc_score(yfold2, fold2_preds[:, i])
    aucs_fold2.append(auc)

print(f"Fold-2: LR AUC = {aucs_fold2[0]}")
print(f"Fold-2: RF AUC = {aucs_fold2[1]}")
print(f"Fold-2: XGB AUC = {aucs_fold2[2]}")
print(f"Fold-2: Average Pred AUC = {aucs_fold2[3]}")

# 別の分割についても同様に処理
# 理想的には、関数を作成して使い回すと良い
# fold 2 でモデルを学習し、fold 1 に対して予測
logreg = linear_model.LogisticRegression()
rf = ensemble.RandomForestClassifier()
xgbc = xgb.XGBClassifier()

logreg.fit(xfold2, yfold2)
rf.fit(xfold2, yfold2)
xgbc.fit(xfold2, yfold2)

pred_logreg = logreg.predict_proba(xfold1)[:, 1]
pred_rf = rf.predict_proba(xfold1)[:, 1]
```

```python
pred_xgbc = xgbc.predict_proba(xfold1)[:, 1]
avg_pred = (pred_logreg + pred_rf + pred_xgbc) / 3

fold1_preds = np.column_stack((
    pred_logreg,
    pred_rf,
    pred_xgbc,
    avg_pred
))

aucs_fold1 = []
for i in range(fold1_preds.shape[1]):
    auc = metrics.roc_auc_score(yfold1, fold1_preds[:, i])
    aucs_fold1.append(auc)

print(f"Fold-1: LR AUC = {aucs_fold1[0]}")
print(f"Fold-1: RF AUC = {aucs_fold1[1]}")
print(f"Fold-1: XGB AUC = {aucs_fold1[2]}")
print(f"Fold-1: Average prediction AUC = {aucs_fold1[3]}")

# 最適な重みを探索
opt = OptimizeAUC()
# 平均値についての列を削除
opt.fit(fold1_preds[:, :-1], yfold1)
opt_preds_fold2 = opt.predict(fold2_preds[:, :-1])
auc = metrics.roc_auc_score(yfold2, opt_preds_fold2)
print(f"Optimized AUC, Fold 2 = {auc}")
print(f"Coefficients = {opt.coef_}")

opt = OptimizeAUC()
opt.fit(fold2_preds[:, :-1], yfold2)
opt_preds_fold1 = opt.predict(fold1_preds[:, :-1])
auc = metrics.roc_auc_score(yfold1, opt_preds_fold1)
print(f"Optimized AUC, Fold 1 = {auc}")
print(f"Coefficients = {opt.coef_}")
```

出力を見てみましょう。

```
❯ python auc_opt.py
Fold-2: LR AUC = 0.9145446769443348
Fold-2: RF AUC = 0.9269918948683287
Fold-2: XGB AUC = 0.9302436595508696
Fold-2: Average Pred AUC = 0.927701495890154

Fold-1: LR AUC = 0.9050872233256017
Fold-1: RF  AUC = 0.9179382818311258
Fold-1: XGB AUC = 0.9195837242005629
```

```
Fold-1: Average prediction AUC = 0.9189669233123695

Optimization terminated successfully.
        Current function value: -0.920643
        Iterations: 50
        Function evaluations: 109
Optimized AUC, Fold 2 = 0.9305386199756128
Coefficients = [-0.00188194  0.19328336  0.35891836]
Optimization terminated successfully.
        Current function value: -0.931232
        Iterations: 56
        Function evaluations: 113
Optimized AUC, Fold 1 = 0.9192523637234037
Coefficients = [-0.15655124  0.22393151  0.58711366]
```

　平均値も悪くないですが、最適化した方が良い結果が得られています。 時には、平均値が最良の選択となることもあります。 係数を足し合わせても 1.0 にはなりませんが、今回は順位のみを考慮する AUC を扱っているので問題ありません。

　ランダムフォレスト自体もアンサンブルモデルです。 ランダムフォレストは、多くの単純な決定木を組み合わせています。 ランダムフォレストは、一般的に**バギング（bagging）**として知られているアンサンブルモデルのカテゴリに属します。 バギングでは、データセットの小さな部分集合を作成し、複数の単純なモデルを学習します。 最終的な結果は、小さなモデルすべての平均値のような予測の組み合わせによって得られます。

　XGBoost モデルもアンサンブルモデルです。 勾配ブースティングモデルはすべてアンサンブルモデルで、**ブースティング（boosting）**というカテゴリに属します。 ブースティングの仕組みはバギングと似ていますが、ブースティングでは連続したモデルが誤差の残差で学習され、先行するモデルの誤差を最小化する傾向があります。 ブースティングモデルはデータを完全に学習し得るため、過学習の影響を受けやすくなります。

　これまでのコードでは、1 つの列しか考慮していませんでした。 予測のために複数の列を取り扱わなければならない場合も多々あります。 たとえば、複数のクラスの中から 1 つを予測する問題、つまり多クラス分類問題があります。 多クラス分類問題における簡単なアンサンブル手法は投票ですが、常に最適な方法とは限りません。 予測確率を組み合わせる場合、以前 AUC を最適化したときのような 1 次元ではなく、2 次元配列になります。 複数のクラスがある場合は、代わりに Log loss （または他のふさわしい評価指標）を最適化してみてください。 組み合わせるには、fit 関数で numpy 配列の代わりに numpy 配列のリストを適用し、その後に最適化と予測のための関数も変更する必要があります。 実装は、演習問題として残しておきます。

　さて、ここからは次なる興味深い話題として、とても人気のある**スタッキング（stacking）**を取り上げます。 図 11.2 は、スタッキングの概念図です。

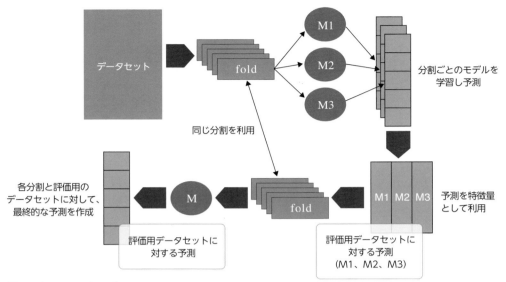

図11.2　スタッキング

　スタッキングは、ロケット産業のような難易度の高い技術ではありません。 簡単なことなのです。 正しい交差検証を行い、モデル作成の過程で分割を揃えておけば、過学習することはありません。

　この考え方の要点を説明します。

- ・学習用データセットを分割
- ・分割ごとのモデルを学習 (M1、M2、…、Mn)
- ・学習用データセット全体の予測と、すべてのモデルを使用した評価用データセットに対する予測を作成
- ・ここまでが第1段階
- ・予測を次のモデルの特徴量として利用 (ここから第2段階)
- ・先ほどと同じ分割を使って、第2段階のモデルを学習
- ・各分割と評価用のデータセットに対して、予測を作成
- ・学習用データセット全体と、最終的な評価用データセットに対する予測が得られる

　第1段階の部分を繰り返すことで、いくつもの階層を作ることができます。

　時には、**ブレンディング (blending)** という言葉も出てきますが、あまり気にする必要はありません。 交差検証ではなく、ホールドアウトでスタッキングすることに他なりません。

　本章で説明したことは、分類・回帰・多クラス分類など、どのような種類の問題にも適用できます。

第 **12** 章

コードの再現性や
モデルのデプロイへの
アプローチ

　近年、モデルや学習用コードを他の人に配布して使ってもらえるようにすべき段階に来ています。コードをフロッピーディスクに入れることで他の人に配布・共有できますが、理想的ではありません。本当です。何年も前は理想だったかもしれませんが、今は違います。コードを共有したり、他の人と協力したりするには、ソースコード管理システムの使用が望ましいです。Git[*1]は最も人気のあるソースコード管理システムの1つです。さて、Gitを学び、コードを適切に整形し、適切なドキュメントを書き、プロジェクトをオープンソース化したとしましょう。これで十分でしょうか。いいえ、そうではありません。なぜなら、あなたは自分のコンピュータでコードを書いたのであって、他の人のコンピュータではさまざまな理由で動かないかもしれないからです。配布されたソフトウェアをインストールしたり、コードを実行したりする際には、あなたのコンピュータの状態を複製できることが望ましいです。これを実現するために、最近では **Docker コンテナ** を使用する方法が主流となっています。Docker コンテナを使うには、docker をインストールする必要があります。

　次のコマンドで Docker をインストールしてみましょう。

```
$ sudo apt install docker.io
$ sudo systemctl start docker
$ sudo systemctl enable docker

$ sudo groupadd docker
$ sudo usermod -aG docker $USER
```

　これらのコマンドは Ubuntu 18.04 で動作します。Docker の一番の利点は、Linux、Windows、OSX といったどんなマシンにもインストールできることです。常に Docker コンテナの中で作業するのであれば、どんなマシンで開発しても問題ありません。

　Docker コンテナは、小さな仮想マシンと考えられます。自分のコード用のコンテナを作成し、誰にでも使ってもらうことが可能です。ここでは、モデルの学習に使用できるコンテナの作成方法を見てみましょう。自然言語処理の章で用いた BERT モデルを題材に、学習用コードをコンテナ化してみます。

　まず何よりも必要なのは、Python プロジェクトの要件を記したファイルです。要件は requirements.txt というファイルに記述されています。このファイル名は標準的なものです。このファイルは、あなたのプロジェクトで使用するすべての Python ライブラリで構成されています。いずれも、PyPI（pip）経由でダウンロードできるライブラリです。感情を分類する BERT モデルの学習には、torch、transformers、tqdm、scikit-learn、pandas、

　＊1　https://git-scm.com/

numpy といったライブラリを使用します。requirements.txt に書いてみましょう。ライブラリ名だけ書いても良いですし、バージョンを入れても良いでしょう[*2]。バージョンを含めるのが、常に最善の方法です。最新バージョンでは変更が発生している可能性があり、あなたと同じようにモデルを学習できなくなるからです。

requirements.txt は次のように書きます。

requirements.txt

```
pandas==1.0.4
scikit-learn==0.22.1
torch==1.5.0
transformers==2.11.0
```

では、Dockerfile という **Docker ファイル**を作成しましょう。拡張子はありません。Dockerfile にはいくつかの要素があります。見ていきましょう。

requirements.txt

```
# Dockerfile
# 最初に、起点となるイメージを指定
# イメージとは、オペレーションシステム（OS）
# 「FROM ubuntu:18.04」のように記載
# この場合は、Ubuntu 18.04 のイメージから始める
# すべてのイメージは、Docker Hub からダウンロードされる
# ここでは、nvidia のリポジトリから取得
# Ubuntu 18.04 を用いたイメージが作成される
# 合わせて CUDA 10.1 と cudnn7 がインストール済みなので、インストールの作業が不要
FROM nvidia/cuda:10.1-cudnn7-runtime-ubuntu18.04

# 実引数の -y 以外は、以前に使った apt-get コマンドと同じ
# コンテナをビルドする際には、Y を押せないため
RUN apt-get update && apt-get install -y \
    git \
    curl \
    ca-certificates \
    python3 \
    python3-pip \
    sudo \
    && rm -rf /var/lib/apt/lists/*
```

[*2] 「pandas==1.0.4」の場合、pandas がライブラリ名で、1.0.4 がバージョン。

```
# ユーザ「abhishek」の追加
# 任意のユーザ名を設定可能
# 通常は実名を使わず「user」「ubuntu」などを使う
RUN useradd -m abhishek

# ディレクトリの所有者設定
RUN chown -R abhishek:abhishek /home/abhishek/

# ファイルをコピー
COPY --chown=abhishek *.* /home/abhishek/app/

# abhishek にユーザ変更
USER abhishek
RUN mkdir /home/abhishek/data/

# app ディレクトリに移動した後、ライブラリをインストール
# Ubuntu 18.04 の Python のバージョンは 3.7.6 ではなく 3.6.9
# Conda の Python もインストールできるが、ここでは Python 3.6.9 を利用
RUN cd /home/abhishek/app/ && pip3 install -r requirements.txt
# transformers に必要な mkl をインストール
RUN pip3 install mkl

# Docker コンテナに入った段階で、自動的にこのディレクトリに移動
WORKDIR /home/abhishek/app
```

　docker ファイルを作成後、ビルドする必要があります。Docker コンテナは、次のコマンドでとても簡単にビルドできます[*3]。

```
$ docker build -f Dockerfile -t bert:train .
```

　指定された Dockerfile からコンテナを構築します。Docker コンテナの名前は bert:train です。次のような出力が得られます。

　＊3 「-f Dockerfile」は省略可能です。

```
> docker build -f Dockerfile -t bert:train .
Sending build context to Docker daemon  19.97kB
Step 1/7 : FROM nvidia/cuda:10.1-cudnn7-ubuntu18.04
 ---> 3b55548ae91f
Step 2/7 : RUN apt-get update && apt-get install -y  git  curl    ca-certificates
    python3 python3-pip    sudo    && rm -rf /var/lib/apt/lists/*
.
.
.
.
Removing intermediate container 8f6975dd08ba
 ---> d1802ac9f1b4
Step 7/7 : WORKDIR /home/abhishek/app
 ---> Running in 257ff09502ed
Removing intermediate container 257ff09502ed
 ---> e5f6eb4cddd7
Successfully built e5f6eb4cddd7
Successfully tagged bert:train
```

　出力から多くの行を削除していることに注意してください。 次のコマンドでコンテナにロ
グインできるようになりました。

```
$ docker run -ti bert:train /bin/bash
```

　このシェルで行った作業は、シェルを終了すると失われることに注意しましょう。 Docker
コンテナ内で学習を実行するには、次のようにします。

```
$ docker run -ti bert:train python3 train.py
```

　次のように出力されます。

```
Traceback (most recent call last):
  File "train.py", line 2, in <module>
    import config
  File "/home/abhishek/app/config.py", line 28, in <module>
    do_lower_case=True
  File "/usr/local/lib/python3.6/dist-packages/transformers/tokenization_utils.
py", line 393, in from_pretrained
    return cls._from_pretrained(*inputs, **kwargs)
  File "/usr/local/lib/python3.6/dist-packages/transformers/tokenization_utils.
```

```
py", line 496, in _from_pretrained
    list(cls.vocab_files_names.values()),
OSError: Model name '../input/bert_base_uncased/' was not found in tokenizers
model name list (bert-base-uncased, bert-large-uncased, bert-base-cased, bert-
large-cased, bert-base-multilingual-uncased, bert-base-multilingual-cased, bert-
base-chinese, bert-base-german-cased, bert-large-uncased-whole-word-masking, bert-
large-cased-whole-word-masking, bert-large-uncased-whole-word-masking-finetuned-
squad, bert-large-cased-whole-word-masking-finetuned-squad, bert-base-cased-
finetuned-mrpc, bert-base-german-dbmdz-cased, bert-base-german-dbmdz-uncased,
bert-base-finnish-cased-v1, bert-base-finnish-uncased-v1, bert-base-dutch-cased).
We assumed '../input/bert_base_uncased/' was a path, a model identifier, or url
to a directory containing vocabulary files named ['vocab.txt'] but couldn't find
such vocabulary files at this path or url.
```

おっと、エラーになってしまいましたね。

そして、なぜエラーを本に印刷するのでしょうか。

なぜなら、このエラーを理解するのはとても重要だからです。 このエラーは、コードがディレクトリ「…/input/bert_base_cased」を見つけられなかったことを意味します。 なぜこのようなことが起こるのでしょうか。 docker を使わずに学習でき、ディレクトリとすべてのファイルが存在していることは確認できていました。 このエラーは、docker が仮想マシンのようなものであることに起因します。 **docker は独自のファイルシステムを持っており、ローカルマシンのファイルは Docker コンテナに同期されません。** ローカルマシンのパスを使用し、変更を加えたい場合は、Docker コンテナの実行時に同期する必要があります。 このパスを見ると、inputというディレクトリの1階層上にあると分かります。**config.py** ファイルを少し変更してみましょう。

config.py

```python
import os
import transformers

# ホームディレクトリの取得
# /home/abhishek
HOME_DIR = os.path.expanduser("~")

# 文中の最大トークン数
MAX_LEN = 512

# モデルが巨大なので、小さめのバッチサイズを設定
TRAIN_BATCH_SIZE = 8
VALID_BATCH_SIZE = 4

# 10 エポック学習
```

```
EPOCHS = 10

# BERT モデルのパスを定義
# データは以下に配置
# /home/abhishek/data
BERT_PATH = os.path.join(HOME_DIR, "data", "bert_base_uncased")

# モデルの保存場所
MODEL_PATH = os.path.join(HOME_DIR, "data", "model.bin")

# 学習用データセット
TRAINING_FILE = os.path.join(HOME_DIR, "data", "imdb.csv")

TOKENIZER = transformers.BertTokenizer.from_pretrained(
    BERT_PATH,
    do_lower_case=True
)
```

　このコードでは、ホームディレクトリ内の data というディレクトリにすべてのデータが入っていると仮定しています。

　Python スクリプトに変更があった場合、Docker コンテナを再構築する必要があることに注意してください。コンテナを再構築して、docker コマンドを再実行しますが、今回はちょっとした工夫を加えてみましょう。NVIDIA Docker ランタイムがないと、この方法はうまくいきません。心配しないでください。Docker コンテナなので、一度だけインストールしておけば良いです。NVIDIA Docker ランタイムをインストールするには、Ubuntu 18.04 で次のコマンドを実行します[4]。

```
# パッケージリポジトリの追加
distribution=$(. /etc/os-release;echo $ID$VERSION_ID)
curl -s -L https://nvidia.github.io/nvidia-docker/gpgkey | sudo apt-key add -
curl -s -L https://nvidia.github.io/nvidia-docker/$distribution/nvidia-docker.
list | sudo tee /etc/apt/sources.list.d/nvidia-docker.list

sudo apt-get update && sudo apt-get install -y nvidia-container-toolkit
sudo systemctl restart docker
```

参照：https://github.com/NVIDIA/nvidia-docker/

＊4　2021 年現在「nvidia-docker2」としてインストール可能になっています。
　　 https://docs.nvidia.com/datacenter/cloud-native/container-
　　 toolkit/install-guide.html

これで再びコンテナを作り、学習を開始できます。

```
$ docker run --gpus 1 -v /home/abhishek/workspace/approaching_almost/input/:/home/
abhishek/data/ -ti bert:train python3 train.py
```

-gpus 1 は Docker コンテナ内で 1 つの GPU を使用すること、-v はボリュームを同期することを意味しています。ローカルディレクトリである

/home/abhishek/workspace/approaching_almost/input/

を、Docker コンテナ内の /home/abhishek/data/ に同期します。しばらく時間がかかりますが、完了するとローカルディレクトリ内に model.bin が生成されます。

非常に簡単な変更を加えるだけで、学習用コードを「Docker 化」できます。このコードを使って、(ほぼ) すべてのシステムで学習できるようになりました。

次の手順は、学習したモデルをユーザに「提供」することです。たとえば、タイムラインに流れるツイートから感情を抽出したいとします。このような処理を実行するには、文を入力して、感情の予測値を出力する API を作成する必要があります。Python で API を構築する最も一般的な方法は、マイクロウェブフレームワーク「**Flask**」を使用することです。

api.py

```python
import config
import flask
import time
import torch
import torch.nn as nn
from flask import Flask
from flask import request
from model import BERTBaseUncased

app = Flask(__name__)

# モデルの初期化
MODEL = None

# デバイスの選択
# CUDA や CPU が利用可能
DEVICE = "cuda"


def sentence_prediction(sentence):
    """
    入力として文章を受け取り、肯定的な感情の予測値を返す関数
    """
```

```python
    # config.py からトークナイザと最大のトークン数を取得
    tokenizer = config.TOKENIZER
    max_len = config.MAX_LEN

    # 学習時と同じ前処理
    review = str(sentence)
    review = " ".join(review.split())

    # 文章を ids・mask・token type ids に変換
    # 最大のトークン数に切り取り、CLS・SEP トークンを付与
    inputs = tokenizer.encode_plus(
        review,
        None,
        add_special_tokens=True,
        max_length=max_len
    )

    # ids・mask・token type ids を取得
    ids = inputs["input_ids"]
    mask = inputs["attention_mask"]
    token_type_ids = inputs["token_type_ids"]

    # 必要に応じてパディング
    padding_length = max_len - len(ids)
    ids = ids + ([0] * padding_length)
    mask = mask + ([0] * padding_length)
    token_type_ids = token_type_ids + ([0] * padding_length)

    # すべてのデータをテンソルに変換
    # サンプル数が 1 なので、unsqueeze(0) を利用
    # バッチサイズは 1
    ids = torch.tensor(ids, dtype=torch.long).unsqueeze(0)
    mask = torch.tensor(mask, dtype=torch.long).unsqueeze(0)
    token_type_ids = torch.tensor(token_type_ids,
                                  dtype=torch.long).unsqueeze(0)

    # デバイスに転送
    ids = ids.to(DEVICE, dtype=torch.long)
    token_type_ids = token_type_ids.to(DEVICE, dtype=torch.long)
    mask = mask.to(DEVICE, dtype=torch.long)

    # モデルの予測
    outputs = MODEL(ids=ids, mask=mask, token_type_ids=token_type_ids)
    # シグモイド関数を使って変換
    outputs = torch.sigmoid(outputs).cpu().detach().numpy()
    return outputs[0][0]


@app.route("/predict", methods=["GET"])
```

```python
def predict():
    # http://HOST:PORT/predict でアクセスできる
    # 入力として文を受け取る
    # HTTP リクエストメソッドは GET で POST は許容しない
    sentence = request.args.get("sentence")

    # 計測開始
    start_time = time.time()

    # 予測
    positive_prediction = sentence_prediction(sentence)

    # 1 から引くことで、否定的な予測値を算出
    negative_prediction = 1 - positive_prediction

    # 辞書を返す
    response = {}
    response["response"] = {
        "positive": str(positive_prediction),
        "negative": str(negative_prediction),
        "sentence": str(sentence),
        "time_taken": str(time.time() - start_time),
    }
    # flask.jsonify() で辞書を変換
    return flask.jsonify(response)


if __name__ == "__main__":
    # モデルの初期化
    MODEL = BERTBaseUncased()

    # 辞書の読み込み
    MODEL.load_state_dict(torch.load(
        config.MODEL_PATH, map_location=torch.device(DEVICE)
        ))

    # デバイスに転送
    MODEL.to(DEVICE)

    # モデルを評価モードに
    MODEL.eval()

    # アプリケーションの起動
    # 0.0.0.0 はすべてのコンピュータからのアクセスを許容するという意味
    app.run(host="0.0.0.0")
```

「python api.py」というコマンドを実行して、APIを起動します。APIはlocalhostの5000番ポートで起動します。

cURLリクエストと応答の例を次に示します。

```
> curl $'http://192.168.86.48:5000/predict?sentence=this%20is%20the%20best%20book%20ever'

{"response":{"negative":"0.0032927393913269043","positive":"0.99670726","sentence":"this is the best book ever","time_taken":"0.029126882553100586"}}
```

入力された文章に対して、肯定的な感情を高確率で予測しています。任意のブラウザで http://127.0.0.1:5000/predict?sentence=this%20book%20is%20too%20complicated%20for%20me にアクセスして、結果を参照することも可能です。再びJSONが返されます。

```
{
    response: {
        negative: "0.8646619468927383",
        positive: "0.13533805",
        sentence: "this book is too complicated for me",
        time_taken: "0.03852701187133789"
        }
}
```

今回は、少数のユーザに提供するための簡単なAPIを作成しました。なぜ少数なのかというと、APIが一度に1つのリクエストにしか対応しないからです。CPUを使い、UNIX用のWSGI[*5]準拠のPython製HTTPサーバであるgunicornを使って、多数の並列リクエストに対応させてみましょう。gunicornはAPIに対して複数の処理を作成できるので、一度に多くのユーザのリクエストに対応できます。gunicornは「pip install gunicorn」でインストールできます。

gunicornと互換性のあるコードに変換するためには、if __name__ == "__main__"を削除し、定義した値などを全体から参照できる位置に移動する必要があります。デバイスは、GPUの代わりにCPUを使うようにしました。修正したコードは次のとおりです。

＊5 https://www.python.org/dev/peps/pep-3333/

api.py

```
import config
import flask
import time
import torch
import torch.nn as nn
from flask import Flask
from flask import request
from model import BERTBaseUncased

app = Flask(__name__)

# CPU を利用
DEVICE = "cpu"

# モデルの初期化
MODEL = BERTBaseUncased()

# 辞書の読み込み
MODEL.load_state_dict(torch.load(
    config.MODEL_PATH, map_location=torch.device(DEVICE)
    ))

# デバイスに転送
MODEL.to(DEVICE)

# モデルを評価モードに
MODEL.eval()


def sentence_prediction(sentence):
    """
    入力として文章を受け取り、肯定的な感情の予測値を返す関数
    """
    .
    .
    .
    return outputs[0][0]


@app.route("/predict", methods=["GET"])
def predict():
    .
    .
    .
    return flask.jsonify(response)
```

APIは次のコマンドで実行します。

```
$ gunicorn api:app --bind 0.0.0.0:5000 --workers 4
```

　指定されたIPアドレスとポートで、4つのワーカーを使ってFlaskアプリを実行することを意味します。4つのワーカーがあるので、4つの同時リクエストに対応していることになります。CPUを使用しているので、GPUマシンを必要とせず、標準的なサーバ・仮想環境上で実行できます。しかし、まだ1つ問題が残っています。すべてローカルマシンで作業しているので、Docker化しなければなりません。このAPIのデプロイに使用できる、コメントなしのDockerfileを見てみましょう。学習用の古いDockerfileと今回の違いに注目してください。大きな違いはありません。

```
# CPU Dockerfile
FROM ubuntu:18.04

RUN apt-get update && apt-get install -y \
    git \
    curl \
    ca-certificates \
    python3 \
    python3-pip \
    sudo \
    && rm -rf /var/lib/apt/lists/*

RUN useradd -m abhishek

RUN chown -R abhishek:abhishek /home/abhishek/

COPY --chown=abhishek *.* /home/abhishek/app/

USER abhishek
RUN mkdir /home/abhishek/data/

RUN cd /home/abhishek/app/ && pip3 install -r requirements.txt
RUN pip3 install mkl

WORKDIR /home/abhishek/app
```

新しい Docker コンテナを構築してみましょう。

```
$ docker build -f Dockerfile -t bert:api .
```

Docker コンテナをビルドすると、次のコマンドで API を直接実行できるようになります。

```
$ docker run -p 5000:5000 -v /home/abhishek/workspace/approaching_almost/input/:/
home/abhishek/data/ -ti bert:api /home/abhishek/.local/bin/gunicorn api:app --bind
0.0.0.0:5000 --workers 4
```

コンテナからの 5000 番ポートを、コンテナの外の 5000 番に公開していることに注意してください。 Docker Compose を使うこともできます。 Docker Compose は、異なるまたは同じコンテナから、異なるサービスを同時に実行できるツールです。 Docker Compose は「pip install docker-compose」でインストールできます。 コンテナをビルドした後に「docker-compose up」というコマンドで実行します[6]。 Docker Compose を使用するには、docker-compose.yml ファイルが必要です。

docker-compose.yml

```
# バージョンの指定
version: '3.7'

# 複数のサービスを追加可能
services:
  # サービス名として api を指定
  api:
    # イメージ名を指定
    image: bert:api
    # コンテナ内で実行するコマンド
    command: /home/abhishek/.local/bin/gunicorn api:app --bind 0.0.0.0:5000
--workers 4
    # 同期
    volumes:
      - /home/abhishek/workspace/approaching_almost/input/:/home/abhishek/data/
    # コンテナからのポートをそのまま公開
    network_mode: host
```

＊6　2021 年現在、Docker Compose の docker への取り込みが進んでおり「docker-compose」の代わりに「docker compose」でコマンドが実行できるようになりつつあります。

前述のコマンドだけで API を再実行でき、以前と同じように動作するようになりました。 おめでとうございます。 予測用の API も Docker 化され、好きな場所にデプロイする準備が整いました。 本章では、Docker、Flask を使った API の構築、**gunicorn・docker・docker-compose** を使った API の提供方法を学びました。 ここで見た以外にも docker にはたくさんの機能がありますが、これで出発点に立つことができるでしょう。 残りの部分は必要に応じて学んでいけるはずです。「Kubernetes」[7]「AWS Elastic Beanstalk」[8]「Amazon SageMaker」[9]「Heroku」[10] など、モデルを本番環境にデプロイする際に最近使用される多くのツールについても省略しています。「何を記述するべきか」「図 X を参照して Docker コンテナを変更してください」といった内容を書籍の形式で説明するのは現実的ではなく、望ましいことではないので、別の媒体で補完していきます。 一度アプリケーションを Docker 化してしまえば、これらの技術やプラットフォームを使ってデプロイするのは簡単です。 合わせて、自分のコードやモデルについて他の人が使いやすいように文書化し、何度も聞かれなくても使えるようにしておくのも忘れないでください。 あなたも相手も、時間を節約できるのです。 オープンソースの再利用可能なコードは、あなたのポートフォリオ[11]にも適しています。😊

---

[7]　https://kubernetes.io/
[8]　https://aws.amazon.com/jp/elasticbeanstalk/
[9]　https://aws.amazon.com/sagemaker/
[10]　https://www.heroku.com/
[11]　自分の職種における実績や能力を評価してもらうための成果物。

索引

[著者紹介]

Abhishek Thakur（アビシェーク タクール）

世界的な機械学習のコンテストプラットフォーム「Kaggle」で、史上初めて全 4 カテゴリで最高位の称号「Grandmaster」を獲得したデータサイエンティスト。機械学習の自動化や自然言語処理に関心を持つ。機械学習の応用やデータサイエンスに関して、チュートリアルや動画を積極的に公開している。

[訳者紹介]

石原祥太郎（いしはら しょうたろう）

2017 年より株式会社日本経済新聞社でデータ分析・サービス開発に従事し、2021 年からは研究開発部署で上級研究員を務める。「Kaggle」では 2019 年にチームで参加した「PetFinder.my Adoption Prediction」で優勝し、2020 年に共著で『Python ではじめる Kaggle スタートブック』（講談社）を出版。 2020 年に国際ニュースメディア協会「30 Under 30 Awards」でアジア太平洋部門の最優秀賞を受賞した。

制作・DTP：海江田 暁（Dada House）
レビュー ：Smoky
担当・編集：山口正樹

Kaggle Grandmasterに学ぶ
機械学習 実践アプローチ

2021年 8月24日　初版第1刷発行
2021年 9月21日　　第2刷発行
著　者　Abhishek Thakur
訳　者　石原祥太郎
発行者　滝口直樹
発行所　株式会社 マイナビ出版
　　　　〒101-0003 東京都千代田区一ツ橋2-6-3 一ツ橋ビル2F
　　　　TEL：0480-38-6872（注文専用ダイヤル）
　　　　　　 03-3556-2731（販売）
　　　　　　 03-3556-2736（編集）
E-mail：pc-books@mynavi.jp
URL：https://book.mynavi.jp
印刷・製本　株式会社ルナテック
ISBN 978-4-8399-7498-5
Printed in Japan.